高等职业学校"十四五"规划土建类专业立体化新形态教材

工程成本核算与分析

主　编　黄诗婷

参　编　黄婉意　蒋　琳　林菁菁

　　　　赖云平　赖小华

U0279013

华中科技大学出版社

中国·武汉

内 容 提 要

本书按项目化教学的要求,采用工作指导手册的模式,系统地介绍了工程成本核算的业务流程及基本的工作方法。全书设置了 14 个教学项目,31 个教学任务,每个工作任务都包括任务设定、知识链接、任务实施、任务评价等几个环节。另外,读者可以通过扫描二维码获取完成工作任务相关的微课讲解、案例资料等,从而拓展知识领域,完成实操训练,最终提升综合技能与素养。本书既可作为高职高专院校财会类专业的教材使用,也可作为工程会计、财务管理、建筑经济管理等相关领域从业人员的自学参考用书。

图书在版编目(CIP)数据

工程成本核算与分析 / 黄诗婷主编. -- 武汉 : 华中科技大学出版社,2024. 8. -- ISBN 978-7-5772-1222-7

Ⅰ. TU723. 3

中国国家版本馆 CIP 数据核字第 2024HX5964 号

工程成本核算与分析
Gongcheng Chengben Hesuan yu Fenxi

黄诗婷　主编

策划编辑:胡天金	
责任编辑:王炳伦	
封面设计:金　刚	
责任校对:李　弋	
责任监印:朱　玢	
出版发行:华中科技大学出版社(中国·武汉)	电话:(027)81321913
武汉市东湖新技术开发区华工科技园	邮编:430223
录　　排:华中科技大学惠友文印中心	
印　　刷:武汉市洪林印务有限公司	
开　　本:787mm×1092mm　1/16	
印　　张:12.75	
字　　数:302 千字	
版　　次:2024 年 8 月第 1 版第 1 次印刷	
定　　价:49.80 元	

前　　言

　　成功的项目管理不仅要求我们有精湛的技术和卓越的管理能力，更要求我们能够准确地进行成本核算与分析，优化资源配置，提升项目效益。本书可以帮助读者深入理解工程成本核算与分析的核心原理和方法，掌握实际操作技巧，以更好地服务于工程项目的实施。

　　本书基于"业财税融合"的行业理念，依据《中华人民共和国会计法》《关于印发〈施工企业会计核算办法〉的通知》（财会〔2003〕27号）、《企业会计准则》，结合会计岗位要求、"1+X"业财税融合成本管控职业技能等级标准，按照工程项目"识成本→算成本→结成本→析成本→控成本"的成本核算流程重构了五大教学模块，包括14个教学项目和31个教学任务，引入了丰富的综合实训，让读者能够轻松掌握工程成本核算与分析的精髓，为实际工作提供有力的支持。

　　本书适用于广大工程行业从业者，包括项目经理、工程师、成本分析师等。无论你是刚开始接触工程成本核算的新手，还是已经在这个领域有一定经验的人士，本书都能为你提供相应的参考和指导。本书编写过程中，力求内容的清晰易懂、逻辑严密，让每一位读者都能够轻松上手。同时，本书也注重知识的系统性和完整性，力求为读者呈现一份全面而深入的工程成本核算与分析指南。通过阅读这本书，读者将能够更好地理解和应用工程成本核算与分析的理论和方法，提升自身在工程项目管理中的决策能力和专业水平。

　　本书由广西建设职业技术学院黄诗婷担任主编，黄婉意、蒋琳、林菁菁、赖云平和赖小华参编。具体编写分工如下：黄婉意负责编写模块二中项目一精算人工费、蒋琳负责编写模块二中项目二细算材料费、林菁菁负责编写模块二中项目三准算机械费和项目四巧算其他直接费与间接费用、赖云平负责编写模块四深析工程成本、赖小华负责编写模块五严控工程成本，其他内容由黄诗婷编写。

　　让我们一起翻开这本书，开始这段关于工程成本核算与分析的探索之旅吧！

目　　录

模块一　明辨工程成本

知识目标

1. 了解施工企业的概念与生产经营特点。
2. 熟悉工程成本会计的概念与职能。
3. 掌握施工企业成本核算的内容与账户设置。
4. 掌握工程成本核算的一般流程。

能力目标

1. 能根据日常经济业务设置相应会计账户。
2. 能正确归集各成本费用到相应会计账户中。
3. 能根据相应的标准完成间接费用分配。

素质目标

1. 培养学生的行业自信、职业自信。
2. 培养学生团队协作、管理统筹、沟通协调、自信表达的能力。

项目一 认识工程成本会计

任务一 认识施工企业

【任务设定】

通过网站查询、现场走访、与业内人士沟通等途径了解施工企业的工作内容、岗位设置、建筑资质等基本知识，并从中总结出该行业的生产经营特点，思考这些特点对会计核算的影响。

认识施工企业

一、施工企业的概念

施工企业，又名建筑企业、建筑施工企业，是指专门从事各类工程（土木工程、建筑工程、市政公用工程、线路管道和设备安装工程及装修工程）的新建、扩建、改建和拆除等有关活动的企业。

例如房屋建筑、公路、水利、电力、桥梁、矿山等的施工企业包括建筑工程公司、设备安装公司、建筑装饰工程公司、地基与基础工程公司、土石方工程公司、机械施工公司等。

二、施工企业的建筑资质

施工企业可根据其注册资本、净资产、专业技术人员、技术装备、已完成的建筑工程业绩等条件，申请相应建筑资质。经审查合格，取得相应等级的资质证书后，施工企业方可在其资质等级许可的范围内从事建筑活动。

根据《建筑业企业资质管理规定》（中华人民共和国建设部令第159号），施工资质分为综合资质、施工总承包资质、专业承包资质和专业作业资质四个序列。其中综合资质不分类别和等级；施工总承包资质设有13个类别，分为2个等级（甲级、乙级）；专业承包资质设有18个类别，一般分为2个等级（甲级、乙级，部分专业不分等级）；专业作业资质不分类别和等级。

三、施工企业的生产经营特点

（一）建筑施工的流动性大

流动性是伴随施工项目的固定性而产生的，施工机构需要随着建筑物或构筑物坐落位置变化而转移生产地点,同时在施工过程中,施工人员和各类机械、电器设备等也需要在不同的施工部位、施工环节进行流转。

(二)建筑施工技术复杂,建设周期长

建筑施工活动常常需要根据建筑结构情况进行多工种配合作业、多单位交叉配合施工,所涉及的物资、设备、人员种类繁多,受到自然天气、市场供应因素、各专业工种配合等诸多不可预见因素的影响,因此施工组织与施工技术管理的要求较高,建设周期也相对较长。

(三)建筑产品形式多样,生产具有单件性

建筑物因其所处自然条件和用途的不同,工程结构、造型和材料也不尽相同,施工方法必将随之变化,很难实现标准化、批量化生产,因此每一个建筑产品都是独一无二的。

四、施工企业会计核算的特征

(一)建筑施工流动性的要求

(1)施工企业在组织会计核算时,采用分级核算、分级管理、集中报账的方法,以适应工程项目分布点多、面广、战线长、流动性强的特点,满足项目管理和施工生产的要求。

(2)重视施工现场的设备及物资管理与核算,以反映和监督其在各工程项目间的转移、使用和结存情况,满足施工生产和成本管理的需要。

(3)关注临时设施搭建,施工过程中的价值摊销、维修、报废,以及拆除等会计核算,真实反映施工企业的生产经营活动。

小贴士:什么是分级核算?

一级核算

多发生在小型企业,核算集中在总部,会计凭证也均在总部。

二级核算

多发生在项目部,主要核算项目发生的直接成本费用、确认收入,会计凭证、明细账均在项目部,并按期报送财务报表汇总到总部,总部财务报表反映的是该企业全部工程项目的财务状况和经营成果。

三级核算

多发生在分公司、项目部,分别核算,最终将报表汇总至总部,总部反映所有经营成果,会计凭证、明细账均在项目部,分公司根据各项目部的报表汇总,核算分公司所属项目经营状况,并按期报送财务报表汇总到总部。

(二)建筑施工单件性的要求

(1)单独计算每项工程成本,以满足项目管理和工程价款结算的需要。

(2)严格遵循收入与费用配比的会计原则,确保工程成本的真实性和准确性。

（三）建筑施工长期性的要求

（1）施工企业应按照工程项目分别设置工程项目成本明细账，按工程项目成本核算对象和成本项目进行明细核算，以正确反映每个工程项目的成本情况。

（2）正确划分已完工程和未完工程，分别计算其成本，真实反映企业的经营成果。

（3）工程价款结算一般按工程形象进度或工程结算进度分期结算工程价款，满足施工企业对资金运作的需求。

（4）合同收入和合同成本的确认一般在报告日按照工程完工进度完成结转。

【任务实施】

（1）请选择任一建设公司，完成以下信息收集。

公司名称：＿＿＿＿＿＿＿＿＿＿＿＿＿＿＿＿＿＿＿＿＿＿＿＿＿

注册资本：＿＿＿＿＿＿＿＿＿＿＿＿＿＿＿＿＿＿＿＿＿＿＿＿＿

注册地址：＿＿＿＿＿＿＿＿＿＿＿＿＿＿＿＿＿＿＿＿＿＿＿＿＿

经营范围：＿＿＿＿＿＿＿＿＿＿＿＿＿＿＿＿＿＿＿＿＿＿＿＿＿

＿＿＿＿＿＿＿＿＿＿＿＿＿＿＿＿＿＿＿＿＿＿＿＿＿＿＿＿＿＿

＿＿＿＿＿＿＿＿＿＿＿＿＿＿＿＿＿＿＿＿＿＿＿＿＿＿＿＿＿＿

建筑资质：＿＿＿＿＿＿＿＿＿＿＿＿＿＿＿＿＿＿＿＿＿＿＿＿＿

＿＿＿＿＿＿＿＿＿＿＿＿＿＿＿＿＿＿＿＿＿＿＿＿＿＿＿＿＿＿

＿＿＿＿＿＿＿＿＿＿＿＿＿＿＿＿＿＿＿＿＿＿＿＿＿＿＿＿＿＿

＿＿＿＿＿＿＿＿＿＿＿＿＿＿＿＿＿＿＿＿＿＿＿＿＿＿＿＿＿＿

中标项目名称：＿＿＿＿＿＿＿＿＿＿＿＿＿＿＿＿＿＿＿＿＿＿＿

中标范围：＿＿＿＿＿＿＿＿＿＿＿＿＿＿＿＿＿＿＿＿＿＿＿＿＿

中标总价：＿＿＿＿＿＿＿＿＿＿＿＿＿＿＿＿＿＿＿＿＿＿＿＿＿

项目工期：＿＿＿＿＿＿＿＿＿＿＿＿＿＿＿＿＿＿＿＿＿＿＿＿＿

其他信息：＿＿＿＿＿＿＿＿＿＿＿＿＿＿＿＿＿＿＿＿＿＿＿＿＿

＿＿＿＿＿＿＿＿＿＿＿＿＿＿＿＿＿＿＿＿＿＿＿＿＿＿＿＿＿＿

（2）请通过采访行业人士、网站查询等途径，了解建筑行业，可参考以下提纲，并提交采访纪要。

①您在哪个公司任职？能否简单介绍贵公司？

②您从事什么岗位？具体工作内容有哪些？

③您参与过哪些项目建设？有没有让您印象最深刻的项目？

④整个项目运作一般需要历经哪几个阶段？每个阶段的具体内容是什么？

⑤您参与的项目周期平均多长？工作地点都分布在哪里？

⑥您对当前建筑行业的发展和未来走向有什么看法？

⑦您都考取了哪些证书？建筑行业有哪些含金量较高的证书？

⑧您的职业规划是怎么样的？

⑨您对即将进入建筑行业的人员有什么建议吗？

【任务评价】

<table>
<tr><td colspan="5" align="center">模块一　任务完成考核评价</td></tr>
<tr><td>项目名称</td><td>项目一　认识工程成本会计</td><td>任务名称</td><td colspan="2">任务一　认识施工企业</td></tr>
<tr><td>班级</td><td></td><td>学生姓名</td><td colspan="2"></td></tr>
<tr><td>评价方式</td><td align="center">评价内容</td><td>分值</td><td colspan="2">成绩</td></tr>
<tr><td rowspan="3">自我评价</td><td>【任务实施】信息收集情况</td><td></td><td colspan="2"></td></tr>
<tr><td>【任务实施】采访完成情况</td><td></td><td colspan="2"></td></tr>
<tr><td align="center">合计</td><td></td><td colspan="2"></td></tr>
<tr><td rowspan="5">小组评价</td><td>本小组本次任务完成质量</td><td></td><td colspan="2"></td></tr>
<tr><td>个人本次任务完成质量</td><td></td><td colspan="2"></td></tr>
<tr><td>个人参与小组活动的态度</td><td></td><td colspan="2"></td></tr>
<tr><td>个人的合作精神与沟通能力</td><td></td><td colspan="2"></td></tr>
<tr><td align="center">合计</td><td></td><td colspan="2"></td></tr>
<tr><td rowspan="5">教师评价</td><td>个人所在小组的任务完成质量</td><td></td><td colspan="2"></td></tr>
<tr><td>个人本次任务完成质量</td><td></td><td colspan="2"></td></tr>
<tr><td>个人对所在小组的参与度</td><td></td><td colspan="2"></td></tr>
<tr><td>个人对本次任务的贡献度</td><td></td><td colspan="2"></td></tr>
<tr><td align="center">合计</td><td></td><td colspan="2"></td></tr>
<tr><td colspan="5">总评＝自我评价×（　　）％＋小组评价×（　　）％＋教师评价×（　　）％＝</td></tr>
</table>

任务二　理解工程成本

【任务设定】

厘清施工费用与工程成本的关系,进一步了解费用的构成与成本的分类,并认识工程成本会计的概念与职能。

一、施工费用与工程成本

（一）施工费用与工程成本的概念

费用是指企业日常活动中发生的,会导致所有者权益减少的,与所有者分配利润无关的经济利益的总流出。而成本则是指企业在一定时期内为生产产品所支出的生产费用。

认识施工费用
和工程成本

费用涵盖的范围比较广泛,其着重于按照会计期间进行归集;而成本的范围比较狭隘,其着重于按照生产对象进行归集。因此,成本是费用的一部分,是指与生产对象相关的、能够对象化的那部分费用,剩余与生产对象无直接关联的则归为期间费用。费用是计算产品成本的基础所在,二者相互联系又相互区别。

施工费用是指施工企业在从事建筑安装工程等施工活动中所发生的各项费用支出的总和,而工程成本是指施工企业为完成某一建筑产品的施工所产生的各项耗费。工程成本是对象化的费用,它的发生与建筑施工产品有必然联系,也就是如果没有该建筑产品,这部分费用就不会发生。

(二) 施工费用的基本构成

1. 人工费

人工费是指直接从事建筑安装工程工人(不包括机械操作和管理人员)的各种薪酬,包括工资、奖金、津贴、劳动保护费、职工福利费等。

2. 材料费

材料费是指施工企业在施工生产过程中所耗费的直接构成工程实体的或有助于构成工程实体的材料的费用,包括原材料、辅助材料、构配件、零件、周转材料等的费用。

3. 机械使用费

机械使用费是指施工生产过程中租用外单位机械所产生的租赁费以及使用自有施工机械所发生的各项费用,例如燃料及动力费、机械折旧费、维修费、机械操作人员薪酬、机械管理人员薪酬等。

4. 其他直接费

其他直接费是指施工企业在施工生产活动中发生的人工费、材料费、机械使用费以外的,且与施工项目有直接关联的各项费用,例如夜间施工费、冬雨期施工增加费、施工材料二次搬运费等。

5. 间接费用

间接费用是指施工企业下属的各施工单位(施工队、项目部等)为组织管理施工生产活动所产生的各项费用,例如管理人员的薪酬、办公费、差旅费、水电费等。

6. 期间费用

期间费用是指施工企业发生的与施工生产活动无关的各项费用,主要包括管理费用、销售费用和财务费用。

以上是施工企业施工费用的基本构成,前五项与施工生产活动有关,一般按照产品对象的不同分别归集其成本,从而形成工程成本,最后一项期间费用由于不参与施工生产活动,不计入成本,而是直接计入当期损益。上述分类方法能够正确反映工程项目的成本情况,有利于企业对施工项目进行成本考核、成本分析以及成本控制,加强项目的成本管理。

二、认识工程成本会计

(一) 工程成本会计的概念

施工企业会计是以施工企业为会计主体,以货币为计量单位,对施工企业的经济活动进行全面、连续、系统地核算和监督的一种行业会计。

工程成本会计是以货币为计量单位,核算与监督反映企业在施工生产过程中发生的成本和费用的一种经济管理工作,通过成本、费用与收入相配比,计算出企业已实现的利润或发生的亏损。

施工企业会计的会计对象是企业的经济活动,一般需要经历采购准备阶段、施工生产阶段、工程结算阶段、工程竣工阶段。

(二) 工程成本会计的职能

1. 工程成本核算

工程成本会计的首要任务是对施工活动中发生的施工费用和形成的工程成本进行核算。工程成本核算通过运用各类成本计算方法,按照一定的成本对象和成本项目以及相应的分配标准,对施工企业的成本费用进行归集和分配,从而计算出各工程的总成本和单位成本,为企业提供准确的成本信息。

2. 工程成本控制

工程成本控制是指通过在施工过程中,对工程成本实施进行跟踪与分析,及时发现成本异常、成本波动和成本偏差,进而采用有效措施进行调整和优化,将施工活动中产生的各项支出控制在计划成本范围之内,消除施工活动中的非合理损失和浪费现象,发现并总结先进经验。

3. 工程成本分析

工程成本分析是指对工程成本核算提供的数据,与计划成本、预算成本以及相似工程的实际成本进行对比、分析和总结,找出成本波动的原因,预测未来成本趋势,并为成本控制和决策提供依据。

4. 工程成本预测

工程成本预测是根据历史数据、现有条件、市场情况和施工项目具体情况,采用一定的预测方法,对工程项目的成本进行预测,为项目决策提供依据。工程成本预测主要包括成本预算编制、成本预测分析和预测误差分析等,是施工项目进行成本决策和计划的依据。

5. 工程成本决策

工程成本决策是指在施工项目中,根据工程成本预测、成本分析和成本核算的结果,结合项目的具体情况,采用科学的决策方法,对施工项目的成本进行合理控制和优化。

6. 工程成本考核

工程成本考核是对施工项目的成本管理效果进行评价和衡量的一种管理制度。工程成本考核主要通过对项目成本的预算、实际发生成本以及成本控制措施的执行情况进行评估,从而了解项目成本管理的有效性,为今后的项目成本控制提供参考。

【任务实施】

(1) 请查找至少三个施工企业会计相关岗位的招聘,了解岗位的能力要求,并完成岗位职责的填写。

岗位 1：_____

招聘要求：

岗位职责：

岗位 2：＿＿＿＿＿＿＿＿＿＿＿＿＿＿＿＿＿＿＿＿＿

招聘要求：

岗位职责：

岗位 3：＿＿＿＿＿＿＿＿＿＿＿＿＿＿＿＿＿＿＿＿＿

招聘要求：

岗位职责：

（2）请将某企业 3 月份发生的各项费用连线到对应分类。

停机棚修理费 2 000 元   人工费

采购水泥砂石 25 000 元

公司行政管理部门差旅费 3 000 元   材料费

项目部管理人员本月薪酬 55 000 元

杂工班、钢筋班本月薪酬 90 000 元   机械使用费

公司行政管理部门本月薪酬 120 000 元

机械操作人员本月薪酬 25 000 元   其他直接费

采购模板 5 000 元

材料二次搬运费 2 500 元   间接费用

本月夜间施工费 9 000 元

项目部本月耗用材料 6 000 元   期间费用

【任务评价】

	模块一　任务完成考核评价		
项目名称	项目一　认识工程成本会计	任务名称	任务二　理解工程成本
班级		学生姓名	
评价方式	评价内容	分值	成绩
自我评价	【任务实施】岗位职责查找任务		
	【任务实施】连线任务		
	合计		
小组评价	本小组本次任务完成质量		
	个人本次任务完成质量		
	个人参与小组活动的态度		
	个人的合作精神与沟通能力		
	合计		
教师评价	个人所在小组的任务完成质量		
	个人本次任务完成质量		
	个人对所在小组的参与度		
	个人对本次任务的贡献度		
	合计		

总评＝自我评价×（　）％＋小组评价×（　）％＋教师评价×（　）％＝

任务三　掌握工程成本核算的一般程序

【任务设定】

厘清并掌握施工企业开展工程成本核算的一般流程，对简单经济业务进行账务处理，完成建账、记账、算账和结账等程序。

一、确定工程成本核算对象和成本项目，并设置相关账簿

（一）工程成本核算的对象

认识工程成本
核算的对象

工程成本核算对象涵盖施工活动产生的直接费用和间接费用，还涉及工程价款的结算、竣工结算等一系列的内容。合理地确定工程成本核算对象，是施工企业组织成本核算的首要工作，也是正确归集工程成本的前提。

建造合同是建筑企业组织工程施工和管理的依据，因此，一般以建造合同为工程成本核算的对象。核算内容包括从建造合同签订至合同完成所发生的、与执行合同有关的所

有合同成本、收入与结算业务。

1. 以整个合同为工程成本核算对象

如果施工企业所签订的合同仅包括一项工程,也就一个单位工程,且该工程工序简单,应当将这个合同作为一个成本核算对象。例如,仅有一段路基的工程合同,可以将整个路基工程合同作为工程成本的核算对象。

2. 以合同的主要工序为工程成本核算对象

如果合同只有一项工程,但是该工程工序比较复杂,那么可以将主要工序设置为成本核算对象。例如,建造一座桥梁的工程承包合同,可以将基础工程、墩台工程、上部结构工程分别设置为成本核算对象。

3. 以合同的单项工程为工程成本核算对象

如果合同包括多个单项工程,每个单项工程均有独立的施工预算,则应当将每个单项工程设置为成本核算对象。例如,某建筑公司签订了一个包括住宅楼、商业楼和地下车库的综合性建筑工程合同,那么可以将住宅楼、商业楼和地下车库分别设置为成本核算对象。

4. 以合同包括的单项资产为工程成本核算对象

如果一个合同包括建造多项资产,且将分立后的单项资产作为成本核算对象单独核算有利于正确计算每项资产的损益,若同时满足以下条件,则应当将每项资产设置为成本核算对象。

(1)每项资产有独立的建造计划,包括有独立的施工预算。

(2)施工企业与业主能够就每项资产单独进行谈判,各项资产的责任义务能单独分清,互不影响。

(3)每项资产的收入和成本均能单独辨认。

例如,某建造合同为承建高速公路 H2 标段,该工程包括建造一座隧道、一座桥梁和10 千米的路基,如果符合上述条件,那么可以将隧道、桥梁、路基分别设置成本核算对象,再根据工程实际情况和管理需求考虑是否需要进一步细分成本核算对象。

5. 以合并后的一组合同为工程成本核算对象

如果施工企业承接了一组结构类型相同,开、竣工时间相近的合同,且具备以下情况,可根据需要合并为一个成本核算对象。

(1)该组合同为一揽子交易。

(2)该组合同密切相关,每项合同都是利润的组成部分。

(3)该组合同同时或依次履行。

认识工程成本
核算的一般程序

综合来说,这些合同的签订不是相互独立的,每一个合同签订之间都是有关联的,是环环相扣的;也可能是为了达到某一个商业目的,或是单独做不经济,组合做才经济。

(二)工程成本项目及账户设置

明确了成本核算对象,接下来就可以根据成本项目来设置会计账户。施工企业计算工程成本时,一般应当设置人工费、材料费、机械使用费、其他直接费、间接费用等成本项目。

从建筑业会计科目一览图(见图 1-1)中可以看出,建筑企业在会计科目的设置上,相比于传统工业企业,最大不同就是成本类科目,建筑企业的成本类总账科目通常有:合同履约成本、机械作业、辅助生产成本和合同结算。

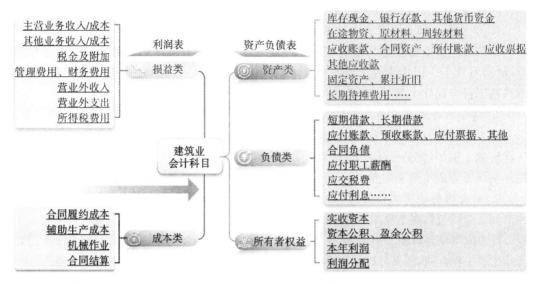

图 1-1　建筑业会计科目一览图

1. 合同履约成本账户

合同履约成本账户如表 1-1 所示。

表 1-1　合同履约成本账户

借　　　方	贷　　　方
施工单位为履行工程项目施工合同所发生的各项费用总和(各项直接费用、分配的间接费用)	月末结转进入主营业务成本的金额
工程自开工至本期止累计发生的尚未结转的施工费用	

（1）性质：成本类账户。

（2）结构：借增贷减。

（3）核算内容：借方核算施工单位为履行工程项目施工发生的各项费用总和,一般包括人工费、材料费、机械使用费、其他直接费、间接费用等。其中,前四项费用属于直接成本,直接计入有关工程成本,间接费用一般先在合同履约成本下设一个"间接费用"二级明细科目进行核算。月末终了,再按一定分配标准分配计入有关工程成本；贷方核算月末结转进入主营业务成本的金额,期末余额在借方,表示工程自开工至本期止累计发生的尚未结转的施工费用。

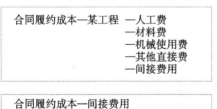

图 1-2　合同履约成本账户设置样例

（4）明细账户设置：该账户一般按照单项工程、单项资产等成本核算对象、间接费用设置二级科目,再按照人工费、材料费、机械使用费、其他直接费、间接费用等设置三级明细科目或者辅助核算(见图 1-2)。

2. 机械作业账户

机械作业账户如表 1-2 所示。

表 1-2 机械作业账户

借　　　　方	贷　　　　方
施工过程中发生的各项机械作业费用	月末按受益对象分配出的机械作业成本

（1）性质：成本类账户。

（2）结构：借增贷减。

（3）核算内容：借方核算实际发生的机械作业成本，通常包括机械操作人员工资、燃料及动力费、折旧费、修理费、间接费用等，贷方核算月末按受益对象分配结转的机械作业成本，期末该账户无余额。

（4）明细账户设置：该账户一般按照机械承包间接费用设置二级科目，再按照工资、燃料及动力费、折旧费、修理费、间接费用等设置三级明细科目或者辅助核算（见图 1-3）。

图 1-3 机械作业账户设置样例

◇◇◇◇◇◇◇◇◇◇◇◇◇◇◇◇◇◇◇◇◇◇◇◇◇◇◇◇◇◇◇◇◇◇◇◇

小贴士：合同履约成本中的机械使用费与机械作业的区别

1.租赁产生的机械使用费

直接计入"合同履约成本—某工程—机械使用费"。

2.使用自有机械产生的机械使用费

(1)无单独核算需求的。

直接计入"合同履约成本—某工程—机械使用费"。

(2)有单独核算需求的(想考量每台大型设备的成本)。

先计入机械作业，月末再根据受益对象分配计入"合同履约成本—某工程—机械使用费"。

◇◇◇◇◇◇◇◇◇◇◇◇◇◇◇◇◇◇◇◇◇◇◇◇◇◇◇◇◇◇◇◇◇◇◇◇

3.辅助生产成本账户

辅助生产成本账户如表 1-3 所示。

表 1-3 辅助生产成本账户

借　　　　方	贷　　　　方
辅助生产车间为服务基本施工活动进行的产品生产和劳务供应产生的各项支出	月末按受益对象分配出的辅助生产成本或结转完工的产品成本
尚未结转的辅助生产费用（一般指在产品）	

（1）性质：成本类账户。

（2）结构：借增贷减。

（3）核算内容：该账户借方核算辅助生产车间为服务基本施工活动而进行的产品生

产和劳务供应所产生的各项支出,例如,供电、供水、运输或从事工具、模型、配件的制造及机械设备的维修等;贷方核算月末按受益对象分配出的辅助生产成本,由于所生产的产品和提供的劳务不同,其分配结转的程序方法也不一样,提供水、电、气和运输、修理等劳务所发生的辅助生产成本,通常按照受益单位耗用的劳务数量直接在各单位之间进行分配,而制造工具、模型、配件等产品所发生的成本,完工时先作为自制工具入库,由辅助生产成本科目及其明细账的贷方转入"周转材料"或"原材料"等科目,后续各部门按照领用数量归集成本。该账户有无期末余额,需要根据具体情况进行判断。如果是以劳务生产为核算对象的,期末一般没有余额;如果是提供产品生产的,由于在产品的关系,辅助生产成本期末通常是有余额的,表示尚未完工的在产品的生产成本。

（4）明细账户设置:该账户一般按照"供水车间""供电车间""生产车间""运输车间"等设置二级科目。

4. 合同结算账户

合同结算账户如表 1-4 所示。

表 1-4　合同结算账户

借　　方	贷　　方
按照履约进度结转至"主营业务收入"的金额	根据合同约定开出工程价款结算单,客户单位同意支付的结算金额
企业已向客户转让商品而有权收取对价的权利(指合同资产)	根据合同约定提前向客户单位收取的款项金额(合同负债)

（1）性质:合同结算是一个兼具资产和负债双重属性的会计科目,该科目通常放在成本类科目。

（2）结构:借减贷增。

（3）核算内容:该账户贷方核算根据合同约定开出工程价款结算单且客户单位同意支付的结算金额,借方核算按照履约进度结转进入"主营业务收入"的金额。期末余额可能在借方,表示企业已经向客户转让商品而有权收取对价的权利(合同资产);期末余额也可能在贷方,表示根据合同约定提前向客户单位收取的款项金额(合同负债)。

（4）明细账户设置:该账户一般按照"收入结转""价款结算"设置二级明细科目。

【训练 1-1】 2022 年 12 月,某公司受县政府委托承担某乡村振兴项目,项目涵盖道路工程(200 km,合同收入 930 万元)和码头工程(980.78 m²,合同收入 1 100 万元)两项施工任务。

要求:请为该项目设置成本核算对象和合同履约成本下的明细科目。

二、收集确定工程的实物量,归集各项成本费用

收集成本数据是工程成本核算的关键步骤。在明确了成本项目并据此设置好会计账簿后,施工单位每月就可以根据工程的实物量,完成工程期间各项成本费用的归集,包括从各个相关部门收集的原始成本数据,如人工费、材料费、机械使用费等。

除了完成会计分录的编制,如果企业或者项目部仍采用手工记账方式,施工单位还需要同时根据编制的会计分录完成会计账簿的登记工作。

【训练 1-2】 2022 年 12 月,某公司受县政府委托承担某乡村振兴项目,项目涵盖道路工程(200 km,合同收入 930 万元)和码头工程(980.78 m^2,合同收入 1 100 万元)两项施工任务。本月发生费用如下。

(1)本月道路工程领用材料 200 000 元,码头工程领用材料 300 000 元,工区管理领用材料 10 000 元。

(2)本月发生工资费用:道路工程 500 000 元,码头工程 700 000 元,工区管理30 000 元。

(3)以银行存款方式支付道路工程租赁机械费 30 000 元。

(4)开出支票 3 000 元以支付施工区办公用品购置费。

要求:

(1)完成会计分录编制。

(2)登记合同履约成本明细账。

合同履约成本

明细科目:　　　　　　　　　　　　　　　　　　　　　　　　　　　　　　　单位:元

2022年		凭证号	摘要	借方						贷方	借/贷	余额
月	日			人工费	材料费	机械费	其他直接费	间接费用	合计			

合同履约成本

明细科目： 单位:元

2022年		凭证号	摘要	借　方						贷方	借/贷	余额
月	日			人工费	材料费	机械费	其他直接费	间接费用	合计			

合同履约成本

明细科目： 单位:元

2022年		凭证号	摘要	借　方						贷方	借/贷	余额
月	日			职工薪酬	办公水电费	差旅费	折旧修理	物料费	合计			

三、分配各项费用

分配成本是将收集到的成本数据按照不同的成本对象进行分配。分配工作集中在月末进行,通常涉及辅助生产、机械作业、间接费用等成本费用的分配,施工单位需要根据一定的标准,如生产工时、台班数量、直接成本等,将成本合理地分摊到各个成本对象上,并编制相应费用的分配表。

【训练1-3】 请根据【训练1-2】的数据,填写间接费用分配表(见表1-5),完成间接费用的分配和账务处理。

(1)计算分配金额。

（2）完成间接费用分配表（见表1-5）。

表 1-5 间接费用分配表

工 程 项 目	分配标准/工时	分 配 率	分配金额/元
	200		
	300		
合计			

（3）编制分配间接费用会计分录。

四、定期根据进度办理结算

定期根据进度办理结算一般是根据甲乙双方在合同中约定的进度时间点进行结算，借记"合同资产"，贷记"合同结算—价款结算"。在收到结算款项时，再借记"银行存款"，贷记"合同资产"。

需要注意的是，这里的结算款项并不等同于会计意义上的收入，因此不能使用"主营业务收入"这个科目来办理结算。施工企业每月的收入一般按照工程完工进度进行结转，例如本月工程进度为50%，工程不含税总收入金额为1 000万元，那么截至本月主营业务收入应有500万元。而工程结算款项时间点多不固定，一般可以按照双方约定时间点进行，如双方约定分别在10%、50%、100%三个进度时间点进行结算，累计结算金额分别为100万元、600万元、1 000万元。由此可知，结算金额不一定会等于主营业务收入，在施工阶段大部分情况下可能多于主营业务收入，也可能少于主营业务收入，但在竣工阶段二者金额最终一致。

【训练1-4】 道路工程总造价为930万元（不考虑增值税），根据合同约定条款，在项目进度达到10%时，甲方支付第一笔款项400万元。假设本月进度刚好达到10%，月末开出工程价款结算单与甲方进行价款结算，2天后收到结算款项。

要求：请根据进度办理结算，并完成办理结算和收到结算款项的账务处理。

五、根据项目进度计算并结转主营业务成本与收入

每月末，施工单位需要根据工程进度完成合同收入、费用确认表的计算，并根据金额确认结转主营业务成本与主营业务收入。

结转收入时,通常借记"合同结算—收入结转",贷记"主营业务收入";在结转成本时,通常借记"主营业务成本",贷记"合同履约成本"等明细科目。

【训练 1-5】 道路工程总造价为 930 万元,预计完成总成本为 600 万元,假设本月进度刚好达到 10%,月末完成项目成本与收入的结转。

要求:请完成本月主营业务收入与主营业务成本结转的账务处理。

六、完成会计报表的编制

编制会计报表是工程成本核算的最终成果。每月末施工单位需要根据本月情况完成资产负债表、利润表、现金流量表等财务报表以及成本报表的编制。通过编制报表,可以清晰地展示各个成本对象的成本构成、成本变动趋势等信息,并据此完成财务报表的分析,总结每月成本消耗情况,并提出成本控制建议,为企业的决策和管理提供有力支持。

【任务实施】

2023 年 3 月,振兴建筑有限公司下属第一建筑队发生有关经济业务如下:

①1 日,道路工程领用商品混凝土 2 600 吨,码头工程领用商品混凝土 1 200 吨,项目部领用商品混凝土 10 吨,商品混凝土单位成本为 100 元/吨。

②5 日,道路工程和码头工程分别领用给排水材料一套,成本为 20 000 元。

③15 日,计提本月各部门发生工资费用:道路工程发生 400 000 元,码头工程发生 300 000 元,项目部管理人员发生 50 000 元。

④20 日,发生租赁机械费 50 000 元,道路工程承担 30 000 元,码头工程承担 20 000 元,以银行存款付讫。

⑤25 日,项目部发生办公费用 2 000 元,以银行存款付讫。

⑥30 日,银行转账支付本月水电费 1 500 元。

⑦31 日,本月间接费用分配采用直接费用比例法,根据甲、乙工程本月合计直接费进行分配。

⑧假设道路工程总造价为 100 万元(不考虑增值税),码头工程造价为 80 万元,本月工程进度达 100%,达到竣工标准,采用一次性竣工结算。月末开出工程价款结算单与甲方进行价款结算。

⑨竣工后,确认工程期间实现的主营业务收入与成本。

(1)编制经济业务的记账凭证。

（2）登记如下日记账、相关的明细账。

合同履约成本

明细科目：道路工程   单位：元

2023年		凭证号	摘要	借方						贷方	借/贷	余额
月	日			人工费	材料费	机械费	其他直接费	间接费用	合计			

合同履约成本

明细科目：码头工程   单位：元

2023年		凭证号	摘要	借方						贷方	借/贷	余额
月	日			人工费	材料费	机械费	其他直接费	间接费用	合计			

合同履约成本

明细科目：间接费用   单位:元

2023 年		凭证号	摘要	借 方						贷方	借/贷	余额
月	日			职工薪酬	办公水电费	差旅费	折旧修理	物料费	合计			

原材料

明细科目：   单位:元

2023 年		凭证号	摘要	收 入			支 出			结 存		
月	日			数量	单价	金额	数量	单价	金额	数量	单价	金额
3	1		期初余额							3 200	100	320 000

银行存款日记账

2023 年		凭证号	摘 要	对方科目	收 入	支 出	余 额
月	日						
3	1		期初余额				880 000

（3）完成间接费用分配表（见表 1-6）和间接费用分配的账务处理，并补充登记相关明细账。

表 1-6　间接费用分配表

工 程 项 目	分 配 标 准	分　配　率	分配金额/元
合 计			

（4）完成本月主营业务收入和主营业务成本的计算与账务处理，并补充登记相关明细账。

【任务评价】

模块一　任务完成考核评价

项目名称	项目一　认识工程成本会计	任务名称	任务三　掌握工程成本核算的一般程序
班级		学生姓名	
评价方式	评价内容	分值	成绩
自我评价	【训练 1-1】完成情况		
	【训练 1-2】完成情况		
	【训练 1-3】完成情况		
	【训练 1-4】完成情况		
	【任务实施】完成情况		
	合计		
小组评价	本小组本次任务完成质量		
	个人本次任务完成质量		
	个人参与小组活动的态度		
	个人的合作精神与沟通能力		
	合计		
教师评价	个人所在小组的任务完成质量		
	个人本次任务完成质量		
	个人对所在小组的参与度		
	个人对本次任务的贡献度		
	合计		
总评＝自我评价×（　）％＋小组评价×（　）％＋教师评价×（　）％＝			

项目二　项目综合实训

任务一　某市建筑公司工程成本核算案例分析

【案例背景】

某市第一建筑公司下属第一、二工程处实施两级核算管理体制,现以第一工程处的施工工程为例,完成工程成本的核算过程。第一工程处本年度有甲、乙两项工程,当月发生的成本费用资料如下。

(一) 人工费的归集

(1) 当月发生计件工资 70 000(见表 1-7)。

表 1-7　人工费分配表(计件工资)

单位:第一工程处　　　　　　　　　　××年 6 月　　　　　　　　　　　　　　单位:元

队　或　组	甲　工　程	乙　工　程
A 瓦工组	36 000	—
B 瓦工组	—	34 000
合计	36 000	34 000

(2) 当月发生计时工资 40 000 元,其中甲工程耗用 1 920 工日,乙工程耗用 1 280 工日,请完成计时工资分配表(见表 1-8)。

表 1-8　人工费分配表(计时工资)

单位:第一工程处　　　　　　　　　　××年 6 月　　　　　　　　　　　　　　单位:元

成本核算对象	耗　用　工　日	平　均　工　日	分配人工费用
甲工程	1 920		
乙工程	1 280		
合计	3 200		

会计分录:

（二）材料费的归集

当月第一工程处根据审核无误的各种领料凭证、大堆材料耗用分配表等汇总编制材料费分配表（见表1-9），请完成材料费分配表的填写以及相关会计分录。

表1-9 材料费分配表

单位：第一工程处　　　　　　××年6月　　　　　　单位：元

成本核算对象	主 要 材 料				结构件	其他材料	合计
	黑色金属	硅酸盐	其他主要材料	合计			
甲工程	115 000	200 000	165 000		20 000	2 000	
乙工程	80 000	110 000	100 000		15 000	1 500	
合计	195 000	310 000	265 000		35 000	3 500	

会计分录：

（三）机械使用费的归集

第一工程处有一台塔吊，当月发生各项费用6 000元，当月工作30个台班，其中甲工程16个台班、乙工程14个台班；有搅拌机一台，当月发生费用6 000元，完成搅拌混凝土600 m³，其中甲工程350 m³、乙工程250 m³。请完成机械使用费分配表（见表1-10）的填写以及相关会计分录。

表1-10 机械使用费分配表

单位：第一工程处　　　　　　××年6月　　　　　　单位：元

成本核算对象	塔吊（200元/台班）		搅拌机（10元/m³）		机械使用费合计
	台班	金额	工程量	金额	
甲工程	16		350		
乙工程	14		250		
合计	30		600		

会计分录：

（四）其他直接费的归集

当月第一工程处其他直接费发生额为10 000元，根据分配计算结果，其中甲工程应分摊 4 000 元,乙工程应分摊 6 000 元,请编制会计分录。

(五)间接费用的归集与分配

第一工程处在本期只有建筑工程,没有安装工程和其他产品、劳务作业等。根据"合同履约成本账户—间接费用"科目归集当月发生的间接费用 67 795 元(见表 1-11),并按各工程直接费用比例进行分配,同时完成相关会计分录的编制。

表 1-11　间接费用分配表

单位:第一工程处　　　　　××年 6 月　　　　　　　　　　　　单位:元

成本核算对象	分 配 标 准	分配率/(%)	分配金额
甲工程	438 100	10	43 810
乙工程	239 850	10	23 985
合计	677 950	10	67 795

会计分录:

(六)合同竣工收入、成本的确认

乙工程本月完工进度 100%,工程累计本月实际成本为 513 835 元。累计确认合同成本为 483 560 元,累计确认合同收入为 400 000 元。工程总价款为 620 000 元(不含税),请完成本月合同收入、成本的确认。

任务二　信达建筑有限公司工程成本核算初始设置

【案例背景】

假设你是信达建筑有限公司施工项目部的成本会计,负责公司新承接的某建造合同(包括建造商场工程与建造住宅工程),请在工程开工前完成会计核算的初始设置。

一、建立账套

(一)企业基本信息

企业名称:信达建筑有限公司。

账套设立

经济类型:有限公司。

注册资金:壹仟万元整(1 000 万)。

经营范围:建筑工程、建筑装饰工程、景观工程、机电设备安装工程、土石方工程、钢结构工程、水电安装工程等。

营业执照统一信用代码:××××,五证合一。

增值税核算方式:一般纳税人。

(二)公司税金及附加税的税率

(1)企业所得税税率 25%(项目地预征率 0.2%)。

(2)增值税税率 9%(项目地预征率 2%)。

(3)城市维护建设税税率 7%(项目地预缴)。

(4)教育费附加税率 3%(项目地预缴)。

(5)地方教育费附加税率 2%(项目地预缴)。

(6)印花税,视具体合同而定。

(7)个人所得税,个税免征额是 5 000 元/月,使用超额累进税率计算方法的个人所得税,由公司在工资中扣除代为缴费(项目地预征率 1%)。

会计科目 Excel 表

会计科目设置注意事项

二、设置会计科目

下表(见表 1-12～表 1-16)是常见财务软件系统的会计科目列表,一级科目一般已提前设置在财务系统中,但是由于会计准则的变更以及所属行业不同,个别会计科目并不包含在系统中,因此需要手动添加(如合同资产、临时设施、临时设施摊销、临时设施清理等)。二级科目和三级科目大部分需要根据企业经济业务情况自行设置(如下列表格中加粗显示的会计科目),但具体会计科目设置仍需要根据实际使用的财务软件而确定。

表 1-12　资产类会计科目

科目编码	一级科目	明细科目
1001	库存现金	
1002	银行存款	
1002001	**银行存款**	**中国银行××市越秀区支行**
1002002	**银行存款**	**中国银行××市福田区支行**
1012	其他货币资金	
1101	交易性金融资产	

科目编码	一级科目	明细科目
1121	应收票据	
1902	合同资产	
1902001	合同资产	××市一八六教育集团有限公司
1902002	合同资产	××华夏置地有限公司
1123	预付账款	
1124	应收账款	
1131	应收股利	
1132	应收利息	
1221	其他应收款	
1221001	其他应收款	社会保险费
1231	坏账准备	
1321	代理业务资产	
1401	材料采购	
1402	在途物资	
1403	原材料	
1403001	原材料	主材
140300101	原材料	主材—夹芯板
140300102	原材料	主材—商品混凝土
140300103	原材料	主材—电线
140300104	原材料	主材—给排水材料
140300105	原材料	主材—钢筋
140300106	原材料	主材—水泥
140300107	原材料	主材—砂石
1404	材料成本差异	
1405	库存商品	
1406	发出商品	
1407	商品进销差价	
1408	委托加工物资	
1411	周转材料	
1411001	周转材料	木模板
1411002	周转材料	钢支撑
1471	存货跌价准备	

科目编码	一级科目	明细科目
1501	持有至到期投资	
1502	持有至到期投资减值准备	
1503	可供出售金融资产	
1511	长期股权投资	
1512	长期股权投资减值准备	
1521	投资性房地产	
1531	长期应收款	
1532	未实现融资收益	
1601	固定资产	
1601001	**固定资产**	**台式计算机**
1601002	**固定资产**	**笔记本**
1601003	**固定资产**	**打印机**
1601004	**固定资产**	**轿车**
1601005	**固定资产**	**搅拌机**
1601006	**固定资产**	**挖掘机**
1601007	**固定资产**	**砂浆机**
1601008	**固定资产**	**夯实机**
1601009	**固定资产**	**电焊机**
1602	累计折旧	
1603	固定资产减值准备	
1604	在建工程	
1604001	**在建工程**	**临时设施**
1605	工程物资	
1606	固定资产清理	
1903	临时设施	
1904	临时设施摊销	
1905	临时设施清理	
1701	无形资产	
1702	累计摊销	
1703	无形资产减值准备	
1711	商誉	
1801	长期待摊费用	
1811	递延所得税资产	

科目编码	一级科目	明细科目
1901	待处理财产损溢	

表 1-13　负债类会计科目

科目编码	一级科目	明细科目
2001	短期借款	
2101	交易性金融负债	
2201	应付票据	
2202	应付账款	
2202001	应付账款	××宝蓝混凝土有限公司
2202002	应付账款	××安居水泥有限公司
2202003	应付账款	××清风砂石有限公司
2202004	应付账款	××大唐建筑材料有限公司
2202005	应付账款	××天然钢管制造有限公司
2202006	应付账款	××瑞安挖掘机租赁有限公司
2202007	应付账款	××新安机械租赁有限公司
2202008	应付账款	××丰益砂石有限公司
2202009	应付账款	××爱家塑钢有限公司
2203	预收账款	
2204	合同负债	
2211	应付职工薪酬	
2211001	应付职工薪酬	工资
2211002	应付职工薪酬	社会保险费
2221	应交税费	
2221.01	应交税费	待认证进项税额
2221.02	应交税费	应交增值税
2221.02.01	应交税费	应交增值税—进项税
2221.02.02	应交税费	应交增值税—销项税
2221.02.03	应交税费	应交增值税—转出未交增值税
2221.02.04	应交税费	应交增值税—已交增值税
2221.02.05	应交税费	应交增值税—转出多交增值税
2221.03	应交税费	未交增值税

科 目 编 码	一 级 科 目	明 细 科 目
2221.04	应交税费	应交城市维护建设税
2221.05	应交税费	应交教育费附加
2221.06	应交税费	应交地方教育费附加
2221.07	应交税费	应交个人所得税
2221.08	应交税费	应交企业所得税
2221.09	应交税费	预缴增值税
2231	应付利息	
2232	应付股利	
2241	其他应付款	
2314	代理业务负债	
2401	递延收益	
2501	长期借款	
2502	应付债券	
2701	长期应付款	
2702	未确认融资费用	
2711	专项应付款	
2801	预计负债	
2901	递延所得税负债	

表 1-14 所有者权益类会计科目

科 目 编 码	一 级 科 目	明 细 科 目
4001	实收资本	
4002	资本公积	
4101	盈余公积	
4103	本年利润	
4104	利润分配	
4104.01	利润分配	未分配利润
4201	库存股	

表 1-15 成本类会计科目

科 目 编 码	一 级 科 目	明 细 科 目
5404	合同履约成本	

科目编码	一级科目	明细科目
5404001	合同履约成本	商场
540400101	合同履约成本	商场—直接材料费
540400102	合同履约成本	商场—直接人工费
540400103	合同履约成本	商场—机械租赁费
540400104	合同履约成本	商场—制造费用
540400105	合同履约成本	商场—分包成本
540400106	合同履约成本	商场—间接费用
5404002	合同履约成本	住宅
540400201	合同履约成本	住宅—直接材料费
540400202	合同履约成本	住宅—直接人工费
540400203	合同履约成本	住宅—机械租赁费
540400204	合同履约成本	住宅—制造费用
540400205	合同履约成本	住宅—分包成本
540400206	合同履约成本	住宅—间接费用
5404003	合同履约成本	间接费用
5405	合同结算	
5405001	合同结算	商场
5405002	合同结算	住宅
5301	研发支出	

表 1-16　损益类会计科目

科目编码	一级科目	明细科目
6001	主营业务收入	
6051	其他业务收入	
6101	公允价值变动损益	
6111	投资收益	
6301	营业外收入	
6401	主营业务成本	
6402	其他业务成本	
6403	税金及附加	
6601	销售费用	

续表

科目编码	一级科目	明细科目
6602	管理费用	
6602.01	管理费用	管理人员职工工资
6602013	**管理费用**	**管理人员社会保险费**
6602.03	管理费用	折旧费
6602.04	管理费用	差旅费
6602.05	管理费用	办公费
6602.06	管理费用	业务招待费
6602014	**管理费用**	**通信费**
6602.08	管理费用	水电费
6602.09	管理费用	修理费
6603	财务费用	
6701	资产减值损失	
6902	资产处置损益	
6711	营业外支出	
6801	所得税费用	
6901	以前年度损益调整	

三、录入期初余额

请扫描下方二维码,获取"期初余额"电子表格,完成期初余额的录入。

期初余额数据

期初余额导入说明

模 块 小 结

本模块思维导图如图 1-4 所示。

因施工费用与工程成本的关系密切,前者是后者的重要组成部分。为了更好地控制工程成本,施工企业应充分了解和掌握施工费用的构成,合理分配和控制各项费用,从而

图1-4　模块一明辨工程成本思维导图

降低工程成本,提高项目的经济效益。同时,工程成本会计在施工企业成本管理中发挥着重要作用,通过对施工费用的核算、控制、分析和预测,为企业提供准确的成本信息,有助于提高成本管理水平,为企业的发展提供有力支持。

　　工程成本核算的基本流程可以概括为知、集、分、度、算、表六个字,即认识成本对象、收集成本数据、分配成本、定期根据进度办理结算、成本核算、编制成本报表等。这些流程相互关联,共同构成了工程成本核算的完整过程,通过严格执行这些流程,施工企业可以更加准确地核算和控制工程成本,提高项目的经济效益和市场竞争力。

　　工程成本会计在施工项目中的运用,有助于实现成本的有效管理和控制。工程成本会计的职能包括:工程成本核算、工程成本控制、工程成本分析、工程成本预测、工程成本决策以及工程成本考核。这些职能相互关联,共同构成了工程成本会计的核心工作内容。

模块二 妙算工程成本

知识目标

1. 了解人工费、材料费、机械使用费、其他直接费、间接费用的核算内容。

2. 熟悉人工费、材料费、机械使用费、其他直接费、间接费用的会计账户设置。

3. 掌握人工费、材料费、机械使用费、其他直接费、间接费用的归集与分配。

能力目标

1. 能正确计算计时工资、计件工资、工资总额、职工薪酬总额。

2. 能熟练对人工费归集与分配进行账务处理。

3. 能正确计算实际成本核算法下材料费的入库成本和发出成本。

4. 能正确计算计划成本核算法下材料费的入库成本和发出成本。

5. 能熟练对材料费的入库、领用与分配进行账务处理。

6. 能熟练对周转材料入库、领用、摊销、补提进行账务处理。

7. 能够运用台班分配法、工料成本分配法、产量分配法完成机械费的分配。

8. 能够运用相应的分配方法完成其他直接费和间接费用的分配。

9. 能够完成机械使用费、其他直接费和间接费用归集与分配的账务处理。

素质目标

1. 理解劳动和贡献的重要性,培养劳动创造价值的意识。

2. 提高信息处理能力、办公技能、会计电算化等专业核心技能。

3. 培养诚实守信、廉洁自律、客观公正、坚持准则的会计职业道德。

4. 培养团队协作、管理统筹、沟通协调、自信表达的职业素养。

项目一　精算人工费

任务一　熟悉人工费的内容与账户设置

【任务设定】

了解人工费的内容,完成工资总额的计算,设置人工费核算的相关账户。

一、人工费的内容

按照《企业会计准则》规定,企业发生的职工薪酬费用应当按其性质和用途计入相关成本、费用。因此,工程成本中的人工费也就是发放给职工的薪酬费用。

职工薪酬是指企业为获得职工提供的服务而给予的各种形式的报酬及其他相关支出。具体来说,职工薪酬主要包括以下几方面内容。

精算人工费
(一)——人工
费的核算
内容和计算

(一) 职工工资

职工工资是指企业在一定时期内直接支付给本企业职工的全部劳动报酬总额。根据国家统计局的规定,工资总额由计时工资、计件工资、奖金、津贴和补贴、加班加点工资以及特殊情况下支付的工资等组成。

1. 计时工资

计时工资是指按计时工资标准和工作时间支付给职工的劳动报酬。计时工资标准有年薪制、月薪制、周薪制、日薪制和钟点工资制。

2. 计件工资

计件工资是指按职工或班组所完成的符合质量要求的工作量和计件单价计算支付的劳动报酬。计件单价是指完成单位工作量应得的工资额。

3. 奖金

奖金是指支付给职工的超额劳动报酬和增收节支的劳动报酬,如生产奖、节约奖、劳动竞赛奖、质量奖、安全奖、提前竣工奖等。

4. 津贴和补贴

津贴和补贴是指施工项目部补偿职工特殊或额外劳动消耗和因其他特殊原因支付给职工的津贴,以及为了保证职工工资水平不受影响而支付给职工的各种物价补贴。如高空补贴、井下津贴、野外工作津贴、夜班津贴、流动施工津贴、高温作业临时补贴、海岛津贴等。

5．加班加点工资

加班加点工资是指按规定对职工在法定工作时间以外从事的劳动支付的加班加点劳动报酬。

6．特殊情况下支付的工资

特殊情况下支付的工资是指按照国家规定对在某些非工作时间内支付给职工的工资，如工伤假工资、病假工资、探亲假工资、哺乳期工资等。

按照国家规定，凡支付给职工的非工资性质的支出（如创造发明奖、科技进步奖、合理化建议奖、技术改进奖），有关劳动保险和职工福利方面的各项费用，有关离休、退休、退职人员待遇的各项支出，劳动保护的各项支出，出差伙食补助费、误餐补助、调动工作的旅费和安家费等，购买本企业股票和债券所得到的股息收入和利息收入等，都不得列入工资总额。

（二）职工福利费

职工福利费指企业为改善职工生活条件从成本费用中列支的货币性福利或非货币性福利，如补助生活困难的职工等。

（三）社会保险费和住房公积金

社会保险费是指按照国家规定的基准和比例并向社会保险费经办机构缴纳的医疗保险费、养老保险费、失业保险费、工伤保险费和生育保险费等。养老保险费、医疗保险费和失业保险费由企业和个人共同负担，工伤保险费和生育保险费为企业缴纳，个人不需要负担。

住房公积金是指按照国家规定由个人和企业共同负担的用于解决职工住房问题的费用。

社会保险费和住房公积金都是根据地方政策规定，以职工税前工资为基数按一定比例计提，由职工个人负担的社会保险费和住房公积金属于职工工资的组成部分，通常直接从工资总额中扣缴，而企业负担的部分纳入职工薪酬范围。

（四）工会经费和职工教育经费

工会经费是按照国家规定用于工会活动方面的经费，同以上的"五险一金"，以职工税前工资为基数，个人和企业分别缴纳一定比例，个人缴纳部分属于职工工资的组成部分，通常直接从工资总额中扣缴。

职工教育经费是按照国家规定由企业负担的用于职工教育方面的经费。

二、人工费的计算

在人工费的构成中，有若干项都是以工资为基数计提的，因此，人工费计算的重点是工资总额的计算。

（一）计时工资的计算

企业在计算计时工资时可采用月薪制、日薪制和小时制。通常固定职工的计时工资按月薪制，临时工大多按日薪制或小时制计算。下面介绍月薪制和日薪制的工资计算。

1. 月薪制

月薪制是按照固定月工资标准,扣减职工缺勤应扣工资的方法。计算公式如下。

应付计时工资＝全勤月标准工资－缺勤应扣工资

　　　　　＝全勤月标准工资－(事假、旷工日数×日工资率＋病假日数×

　　　　　日工资率×扣款比例)

上式中,日工资率的计算有两种。

第一种是每月固定按 30 天计算,日工资率＝月标准工资/30,采用这种方法计算的日工资率,缺勤期间包含节假日的,也照扣工资。

第二种是考虑每年 365 天扣除 104 个法定节假日,再除以 12 个月,算出平均每月工作日数为 21.75 天,日工资率＝月标准工资/21.75,采用这种方法计算的日工资率,缺勤期间的节假日不视同缺勤,不按缺勤日扣工资。

因病假缺勤按规定的比例扣款,半年以内病假(包括非因工负伤)工资扣发标准:工龄不满 2 年、2～4 年、4～6 年、6～8 年、8 年以上,扣发的比例分别为 40%、30%、20%、10%、0;半年以上病假工资扣发标准:工龄不满 1 年、1～3 年、3 年以上,扣发比例分别为 60%、50%、40%。

【例题 2-1】　杂工赵某工龄 3 年,月标准工资为 3 960 元,该职工本月请事假 2 天,病假 4 天(含休息日 1 天),本月应付计时工资为多少?

第一种方法:

日工资率＝3 960÷30＝132(元/日)

应付计时月工资＝3 960－(2×132＋4×132×30%)＝3 537.6(元)

第二种方法:

日工资率＝3 960÷21.75＝182.1(元/日)

应付计时月工资＝3 960－(2×182.1＋3×182.1×30%)＝3 431.91(元)

【训练 2-1】　工人赵某工龄 3 年,月标准工资为 1 960 元,该职工本月请事假 1 天,病假 3 天(含休息日 1 天),每月按 30 天计算,应付计时月工资为多少?

2. 日薪制

日薪制是指按职工出勤的日数和日标准工资计算应付计时工资的方法。计算公式如下。

应付计时工资＝本月实际出勤天数×日标准工资＋缺勤日应补发工资

上述公式中"日标准工资"按照每月工作 21.75 日计算,"缺勤日应补发工资"一般是指因病请假且不包含节假日、休息日的天数,事假和节假日本身不发工资,故也不需要补发工资。

【例题 2-2】　泥工张某的月标准工资为 4 200 元,6 月份作业工日为 16 日,事假 1 日,病假 6 日(其中 2 天为周末休息日,病假扣 20% 工资),星期休假日 8 日,按每月工作21.75

日计算,6月应付的计时工资是多少呢?

日标准工资＝4 200÷21.75＝193.1(元/日)

应付月工资＝193.1×16＋4×193.1×(1－20％)＝3 707.5(元)

【训练2-2】 钢筋班工人李某工龄7年,月标准工资为2 780元,该职工本月请事假3天,病假4天(含休息日2天),按日薪制计算应付计时月工资为多少?

(二) 计件工资的计算

计件工资是根据工程任务单中验收合格的工程量和规定的计件单价计算的工资。计件工资有个人计件和集体计件两种形式。

1. 个人计件工资

个人计件工资是指根据工程任务单中登记的每一个工人完成的工程量,乘以规定的单价来计算工资。计算公式如下。

$$应付计件工资＝\sum (验收合格的工程量×计件单价)$$

2. 集体计件工资

集体计件工资适用于工人集体从事某项工作且不容易分清每个工人经济责任的情况下的工资计算。集体计件工资应分如下两步来计算。

(1) 按照小组集体完成的合格工程量和规定的计件单价,求得小组应得的计件工资总额。

(2) 将集体计件工资总额按照一定的分配标准在小组成员之间进行分配,通常按下式确定分配率,计算公式如下。

$$分配率＝\frac{小组集体计件工资总额}{按每个工人的日标准工资和实际作业工日计算的标准工资}$$

某工人应付工资＝该工人的日标准工资和实际作业工日计算的标准工资×分配率

【例题2-3】 由三个不同工资等级工人组成的抹灰工小组,在某月份内共同完成2 000平方米内墙抹灰工作,工程单价为25元/米²。小组每个工人的工资等级、日标准工资、实际作业工日和按日标准工资计算的标准工资如表2-1所示。

表2-1 班组工资分配表   单位:元

姓　　名	工资等级	出勤工日	日工资	计时工资
职工甲	6	22	34	748
职工乙	4	22	26	572
职工丙	3	22	20	440
合计		66		1 760

第一步,计算小组应得的计件工资总额:

$$25 \times 2\,000 = 50\,000（元）$$

第二步,计算分配率:

$$分配率 = 50\,000 \div 1\,760 = 28.41$$

第三步,分配工人计件工资:

$$职工甲:748 \times 28.41 = 21\,250.68（元）$$
$$职工乙:572 \times 28.41 = 16\,250.52（元）$$
$$职工丙:440 \times 28.41 = 12\,500.4（元）$$

【训练 2-3】 项目部某泥工组由三个不同等级的工人组成,本月共完成 100 立方米的砌砖工程,计件单价为 48 元,应付该小组 4 800 元计件工资。班组工人具体情况如表 2-2 所示,请完善该表。

表 2-2 工资分配表

姓 名	工资等级	日工资/元	出勤工日	计时工资/元	分配系数	计件工资/元
职工甲	6	30	20			
职工乙	4	26	20			
职工丙	3	22	20			
合计						

(三) 加班加点工资的计算

应付职工的加班加点工资的计算公式如下。

应付职工加班加点工资＝加班加点工日(或工时)×日(或工时)标准工资×加班系数

按《工资支付暂行规定》(1994 年 12 月 6 日劳部发〔1994〕489 号发布—自 1995 年 1 月 1 日起施行),加班系数有三种情况。

(1) 用人单位依法安排劳动者在法定标准工作时间以外延长工作时间的,加班系数为 150%。

(2) 用人单位依法安排劳动者在休息日工作,而又不能安排补休的,加班系数为 200%。

(3) 用人单位依法安排劳动者在法定休假日工作的,加班系数为 300%。

如杂工赵某工龄 3 年,月标准工资为 3 960 元,企业月薪制采用每月 30 天计算,赵某在元旦加班 1 天,则当天的工资为:3 960÷30×300%＝396(元)。

为了正确反映应付职工工资的形成和支付情况,施工项目部应建立和健全各种工资核算的原始记录。常用的工资原始记录包括考勤记录、工程任务单和各种扣款通知单等。考勤记录是职工出勤和缺勤情况的原始记录,是计算计时工资、分析考核职工工作时间利用情况的依据,一般由施工队、车间、部门或班组考勤员根据职工出勤、缺勤情况逐日登记,月末汇总交给工资核算员据以计算职工应得的工资。考勤记录通常采用考勤表的形式,考勤表的一般格式如表 2-3 所示。工程任务单是安排工人班组执行施工任务的通知单,是统计工作量和工时、计算计件工资和计算工程施工成本的依据,也是检查施工作业计划完成情况和考核劳动生产率的依据。工程任务单一般格式如表 2-4 所示。

表 2-3 考勤表

项目部名称： ××年××月

序号	姓名	职务	考勤记录										工时合计					
			1	2	3	4	5	…	28	29	30	31	作业工时	加班加点	公假	病假	事假	备注
1	张××																	
2	王××																	
3	李××																	
…																		
合计																		

表 2-4 工程任务单

工人班组： 实际开工日期：
工程名称： 实际完工日期：

施工项目内容	计量单位	计划完成	实际完成	备注
内墙抹灰	米²	2 000	2 000	

交底及验收	技术操作质量及安全交底			质量评定	
	施工员	材料员	预算员	班组长	
	（签字）	（签字）	（签字）	（签字）	

三、人工费核算的账户设置

在企业的财务管理中，为了准确记录和核算人工费用，需要设置专门的账户。这些账户不仅有助于跟踪和监控人工成本，还对于制定预算、分析经营效率至关重要。

（一）应付职工薪酬账户

应付职工薪酬账户如表 2-5 所示。

表 2-5 应付职工薪酬账户

借方	贷方
企业已经支付给职工的各种薪酬	企业应付给职工的各种薪酬（工资、奖金、津贴、补贴等短期薪酬，以及社会保险费、住房公积金等长期薪酬）
	企业尚未支付给职工的各种薪酬

（1）性质：负债类账户。

（2）结构：借减贷增。

（3）核算内容：应付职工薪酬账户核算企业应付给职工的各种薪酬，包括工资、奖金、津贴、补贴等短期薪酬，以及社会保险费、住房公积金等长期薪酬。此外，该账户还核算因解除与职工的劳动关系给予的补偿，以及其他与获得职工提供的服务相关的支出。

（4）明细账户设置：一般按照薪酬类型（包括工资、社会保险费、住房公积金、职工福利费、职工教育经费等）进一步细分。

（二）其他应收款账户

其他应收款账户如表 2-6 所示。

表 2-6　其他应收款账户

借　方	贷　方
除应收账款、应收票据之外的各种应收、暂付款项	除应收账款、应收票据之外的，收回或转销的各种款项
除应收账款、应收票据之外的应收未收的款项	

（1）性质：资产类账户。

（2）结构：借增贷减。

（3）核算内容：其他应收款账户核算除应收账款、应收票据之外的企业应收的各种款项，如职工预借的差旅费、为职工垫付的水电费、社会保险费、应收的职工罚款等。这些款项都是企业暂时垫付或预先支付的，属于企业的债权，因此归类为资产类账户。该账户借方核算各种应收、暂付款项，贷方登记收回或转销的各种款项，余额在借方，表示应收未收款项。

（4）明细账户设置：可以根据款项的性质和债务人进行明细核算，如设置"社会保险费垫款""差旅费借款""水电费垫款""职工罚款"等明细科目。

（三）其他应付款账户

其他应付款账户如表 2-7 所示。

表 2-7　其他应付款账户

借　方	贷　方
除应付账款、应付票据、应付职工薪酬等之外的，已偿还或转销的各种应付暂收款项	除应付账款、应付票据、应付职工薪酬等之外的其他各项应付、暂收的款项
	除应付账款、应付票据、应付职工薪酬等之外的应付未付款项

（1）性质：负债类账户。

（2）结构：借减贷增。

（3）核算内容：其他应付款账户核算除应付账款、应付票据、应付职工薪酬等之外的其他各项应付、暂收的款项，如应付租赁固定资产和包装物的租金、存入保证金、应付统筹退休金、职工未按期领取的工资、社会保险费等代扣事项的提前扣款等。这些款项都是企业在一定时期内需要支付给其他单位或个人的,因此归类为负债类账户。该账户贷方核算发生的各种应付、暂收款项,借方登记偿还或转销的各种应付暂收款项,余额在贷方,表示应付未付款项。

(4)明细账户设置:可以根据款项的性质和债权人进行明细核算,如设置"租金应付""保证金存入""退休金统筹""社会保险费代扣"等明细科目。

(四)应交税费-应交个人所得税账户

应交税费-应交个人所得税账户如表 2-8 所示。

表 2-8 应交税费-应交个人所得税账户

借　　方	贷　　方
企业实际缴纳的个人所得税	企业从职工薪酬中扣除个人所得税但仍未缴纳
	应缴还未缴的个人所得税

(1)性质:负债类账户。

(2)结构:借减贷增。

(3)核算内容:该账户核算应付给职工的个人所得税,属于企业代扣代缴的款项。这个明细账户用于记录企业应代扣代缴的职工个人所得税金额。当企业从职工薪酬中扣除个人所得税时,增加该账户的贷方余额;当企业实际缴纳个人所得税时,减少该账户的借方余额。

(4)明细账户设置:一般无明细账户。

【任务实施】

(1)项目部第三工组由三个不同工资等级的工人组成,本月共完成 100 立方米的砌砖工程,计件单价 41.4 元/米³,应付该组计件工资 4 140 元。根据表 2-9 已知数据,分别计算该班组三个职工的个人计件工资,并填写到该表中。

表 2-9 计件工资分配

姓　　名	工 资 等 级	日工资/元	出 勤 工 日	计时工资/元	分配系数	计件工资/元
职工 A	5	26	20			
职工 B	4	23	20			
职工 C	3	20	20			
合计			60			4 140

(2)公司行政人员李某工龄 7 年,月标准工资 6 525 元,津贴 600 元,奖金 2 000 元,本月连续病假 3 天,事假 1 天。公司实行 21.75 天有效工作日制度。请计算李某本月应发工资总额。

（3）该月公司的应发工资汇总情况如下：项目生产工人 28 万（A 项目 12 万元，B 项目 16 万元），项目施工机械司机 7 万元，公司行政管理人员 9 万元。月底，该公司根据当地有关规定，按照职工工资总额的 13％缴纳养老保险费，其中职工本人负担 5％，公司负担 8％，按职工工资总额的 13％缴纳职工住房公积金。另外，公司分别按 2％和 1.5％计提工会经费和职工教育经费。请计提社会保险费、住房公积金、工会经费和职工教育经费，并完成账务处理。

【任务评价】

模块二　任务完成考核评价				
项目名称	项目一　精算人工费		任务名称	任务一　熟悉人工费的内容与账户设置
班级			学生姓名	
评价方式	评价内容		分值	成绩
自我评价	【训练 2-1】完成情况			
	【训练 2-2】完成情况			
	【训练 2-3】完成情况			
	【任务实施 1】完成情况			
	【任务实施 2】完成情况			
	【任务实施 3】完成情况			
	合计			
小组评价	本小组本次任务完成质量			
	个人本次任务完成质量			
	个人参与小组活动的态度			
	个人的合作精神与沟通能力			
	合计			
教师评价	个人所在小组的任务完成质量			
	个人本次任务完成质量			
	个人对所在小组的参与度			
	个人对本次任务的贡献度			
	合计			
总评＝自我评价×（　）％＋小组评价×（　）％＋教师评价×（　）％＝				

任务二 掌握人工费的分配及账务处理

【任务设定】

掌握人工费的分配方法,完成人工费的账务处理。

一、人工费的分配

精算人工费(二)
——人工费核算的
账户设置及账务处理

人工费的核算按照"谁受益,谁负担"的原则记入有关成本费用账户。在实行计件工资的情况下,生产工人的工资可以根据有关凭证直接计入工程成本。例如,施工项目中的抹灰工、砌筑工、模板工等,他们的工资总额大多数基于完成的工程量结算,可直接计入"合同履约成本——××项目——人工费"科目中。对于实行计时工资的工人,如果他们的劳动对象只针对一个确定的项目,也可根据有关凭证直接计入各种产品成本,但如果计时工资的工人需要在两个及以上的项目劳动,则应对这些工人的职工薪酬先在不同项目间进行人工费分配。常见的人工费分配方法如下。

(一)按工时比例分配

这种方法主要适用于生产工人在两个或多个项目间的工作时间可以明确划分的情况。计算公式如下。

$$工资分配率 = 工人计时工资总额 \div 工人在各项目劳动工时之和$$
$$某项目应分配的人工费 = 工人在该项目的工时 \times 工资分配率$$

【例题 2-4】 公司杂工小丁月薪 5 000 元,负责施工项目清理垃圾工作,本月小丁在 A 项目劳动工时 150 小时,在 B 项目劳动工时 60 小时,请核算 A、B 项目各分配到的人工费。

在核算项目成本时,小丁的薪酬分配如下。

$$A 项目应分配人工费 = 150 \times [5\ 000 \div (150 + 60)] = 3\ 571.43(元)$$
$$B 项目应分配人工费 = 60 \times [5\ 000 \div (150 + 60)] = 1\ 428.57(元)$$

(二)按产值比例分配

这种方法适用于生产工人在不同项目间的工作成果(即产值)可以明确划分的情况。计算公式如下。

$$工资分配率 = 工人工资总额 \div 工人在各项目劳动总产值$$
$$每个项目的分配工资 = 该项目产值 \times 工资分配率$$

【例题 2-5】 某施工项目部油漆班本月应付工资总额为 10 万元。该油漆班本月同时负责两个不同施工项目 A 和 B 的墙面粉刷工作。在 A 项目粉刷的面积为 1 000 平方米,在 B 项目粉刷的面积为 1 500 平方米。请完成人工费的分配。

为了核算 A、B 项目分配到的人工费,可以按照产值比例进行分配。

$$工资分配率＝100\ 000÷(1\ 000＋1\ 500)＝40(元/米^2)$$
$$A\ 项目应分配的人工费＝1\ 000×40＝40\ 000(元)$$
$$B\ 项目应分配的人工费＝1\ 500×40＝60\ 000(元)$$

（三）按预算金额分配

如果工时、产值等数值都不好获取，也可直接按照预算人工费的比例分配职工薪酬。计算公式如下。

$$工资分配率＝工人工资总额÷各项目人工费总预算之和$$
$$每个项目的分配工资＝该项目人工费预算金额×工资分配率$$

【例题 2-6】　公司泥工班本月应付工资总额为 12 万元。该泥工班本月同时在三个不同的施工项目 X、Y、Z 进行墙面抹灰工作。根据预算，X 项目的人工费预算为 15 万元，Y 项目的人工费预算为 20 万元，Z 项目的人工费预算为 15 万元。请完成人工费的分配。

为了核算 X、Y、Z 项目各分配到的人工费，可以按照预算金额比例进行分配。

$$工资分配率＝120\ 000÷(150\ 000＋200\ 000＋150\ 000)＝0.24$$
$$X\ 项目应分配的人工费＝150\ 000×0.24＝36\ 000(元)$$
$$Y\ 项目应分配的人工费＝200\ 000×0.24＝48\ 000(元)$$
$$Z\ 项目应分配的人工费＝150\ 000×0.24＝36\ 000(元)$$

二、人工费核算的账务处理

在会计实务中，人工费核算的账务处理通常涉及以下步骤。

（一）计提工资

在会计核算中，应付职工薪酬计算完毕后，需要完成应付职工薪酬的计提及人工成本的归集，应付职工薪酬贷方按薪酬的内容分别记账，借方则依据工资结算单或工资表按照薪酬的受益对象分别记录在相应账户，编制会计分录如下。

借：合同履约成本—××项目—直接人工费

　　　　　　　　　　—间接费用

　　　　　　　　　　—机械操作人员工资

　　　　　　　　　　—管理人员工资

　　贷：应付职工薪酬—工资

如果生产工人在两个或多个项目间工作，需要按照相应的分配方法完成人工费分配的计算，再根据分配金额编制上述会计分录。

同时，在归集人工费的时候，借方需要根据不同部门、类型的员工薪酬选择不同的账户进行核算。

1. 直接从事建筑安装生产的职工薪酬

直接从事建筑安装生产的职工薪酬一般直接计入"合同履约成本—××项目—直接人工费"科目，如木工、钢筋工、泥水工、砖瓦工、抹灰工、水电工、装饰工、杂工等。

2. 机械作业工人的职工薪酬

机械作业工人的职工薪酬的核算要视情况而定，如果作业工人是隶属外单位、非独立机械部门或是独立机械部门但无独立核算需求的,机械作业工人的职工薪酬一般直接计入"合同履约成本—××项目—机械使用费"科目;如果作业工人隶属本单位独立设置的机械部门且独立核算的,机械作业工人的职工薪酬则计入"机械作业—承包工程—人工费"科目(具体可参考本模块项目三准算机械费)。

3. 施工项目部管理人员的职工薪酬

如果受益对象有两个以上,施工项目部管理人员的职工薪酬则不直接计入"合同履约成本—××项目—人工费"科目,而是先计入"合同履约成本—间接费用"科目,后续间接费用归集完毕后再按一定标准分配计入各个工程的成本账户中。施工项目部管理人员主要包括项目经理、技术负责人、施工管理员、资料员等。

4. 材料部门和仓库管理人员的职工薪酬

材料部门和仓库管理人员的职工薪酬的核算同样要视情况而定,如果是独立仓库部门,材料部门和仓库管理人员的职工薪酬一般直接计入"管理费用"账户;如果是工地仓库工作人员,材料部门和仓库管理人员的职工薪酬则计入"合同履约成本—间接费用"科目。

5. 企业行政管理人员的职工薪酬

企业行政管理人员的职工薪酬直接计入"管理费用"账户。财务部门同样属于行政管理部门,其部门人员工资也计入"管理费用"账户,而不是"财务费用"账户,但如果企业独立设置有销售部门,其部门人员工资需要计入"销售费用"账户单独核算,不过对于施工单位来说,设有销售部门的情况相对较少。

【例题 2-7】 某公司的甲工程项目部当月发放工资 120 万元,其中,直接施工人员工资 100 万元,项目部管理人员工资 20 万元。根据公司要求,分别按照职工工资总额的 10%、12%、2%、10.5% 计提医疗保险费、养老保险费、失业保险费和住房公积金,分别按照职工工资总额的 2% 和 2.5% 计提工会经费和职工教育经费,请完成职工薪酬的计提。

应该计入直接成本的职工薪酬$=100 \times (1+10\%+12\%+2\%+10.5\%+2\%+2.5\%)$

$$=139(万元)$$

计入间接成本的职工薪酬$=20 \times (1+10\%+12\%+2\%+10.5\%+2\%+2.5\%)$

$$=27.8(万元)$$

在工程成本核算中,应做如下账务处理。

借:合同履约成本—甲项目—人工费		1 390 000
—间接费用		278 000
贷:应付职工薪酬—工资		1 200 000
—社会保险费		288 000
—住房公积金		126 000
—工会经费		24 000
—职工教育经费		30 000

(二) 提取社会保险费、住房公积金、职工福利费和职工教育经费等职工薪酬

根据有关规定和计提比例,归集社会保险费、住房公积金、职工福利费和职工教育经费等职工薪酬,应编制如下会计分录。

借:合同履约成本—××项目—直接人工费

　　　　　　　　　—间接费用

　　管理费用—管理人员社会保险费

　　　　　　—职工教育经费、职工福利费等

　贷:应付职工薪酬—社会保险费

　　　　　　　　　—住房公积金

　　　　　　　　　—职工教育经费

　　　　　　　　　—职工福利费

(三)发放工资

在发放工资时,由于企业通常存在一些代扣代缴事项,如代扣社会保险费、代扣住房公积金、代扣个人所得税、代扣水电费等,实发工资数并不等于应付职工薪酬金额(也即应发工资数)。此时,根据工资结算单和银行转账凭证,编制会计分录如下。

借:应付职工薪酬—工资

　贷:银行存款(表示实发工资数)

　　　其他应收/付款—代扣社会保险费

　　　应交税费—应交个人所得税(代扣个税)

上述会计分录中,具体使用"其他应收款—代扣社会保险费"还是"其他应付款—代扣社会保险费",要取决于发放工资与支付社会保险费的时间先后顺序,一般来说"先缴后扣为资产,应走其他应收款;先扣后缴为负债,需走其他应付款"。

(四)支付社会保险费、住房公积金、职工福利费和职工教育经费等职工薪酬和代缴 个人所得税

根据银行转账凭证,支付社会保险费、住房公积金、职工福利费和职工教育经费等薪酬,应编制会计分录如下。

借:应付职工薪酬—社会保险费

　　　　　　　　—住房公积金　　┐

　　　　　　　　—职工教育经费　┝ 公司承担的部分

　　　　　　　　—职工福利费　　┘

　　其他应收/付款—代扣社会保险费　┐

　　应交税费—应交个人所得税　　　 ┝ 员工承担的部分

　贷:银行存款

【例题 2-8】 假设某公司有两个项目 A 和 B,本月共支付工资总额 500 000 元。其中,A 项目工时数为 10 000 小时,B 项目工时数为 8 000 小时,总工时数为 18 000 小时。

1. 按工时比例分配人工费

$$工资分配率 = 500\ 000\ /\ 18\ 000 = 27.78(元/时)$$

$$A 项目分配工资 = 10\ 000 \times 27.78 = 277\ 800(元)$$

$$B 项目分配工资 = 500\ 000 - 277\ 800 = 222\ 200(元)$$

会计分录如下。

借:合同履约成本—A项目—直接人工费   277 800

      —B项目—直接人工费   222 200

  贷:应付职工薪酬—工资   500 000

2. 假设公司还计提了职工福利费和职工教育经费,分别为工资总额的14%和1.5%。则:

$$职工福利费 = 500\ 000 \times 14\% = 70\ 000(元)$$

$$职工教育经费 = 500\ 000 \times 1.5\% = 7\ 500(元)$$

会计分录如下。

借:合同履约成本—间接费用   77 500

  贷:应付职工薪酬—职工福利费   70 000

    —职工教育经费   7 500

【训练2-4】 本月,某公司的应发工资汇总情况如下:项目生产工人工资28万元,其中A项目12万元,B项目16万元;项目施工机械操作人员工资7万元,公司行政管理人员工资9万元。月底,该公司根据当地有关规定,按照职工工资总额的13%缴纳养老保险费,其中职工本人负担5%,公司负担8%,按职工工资总额的12%缴纳职工住房公积金。另外,公司分别按14%和1.5%计提职工福利费和职工教育经费。

任务:请完成本月职工薪酬的分配、计提与归集,并编制会计分录。

【任务实施】

计算应付职工薪酬合计,并编制本月人工费发生和发放的会计分录。

受益部门	应付工资	社会保险费				住房公积金(10%)	工会经费(2%)	职工教育经费(2.5%)	应付薪酬合计
		养老保险费(10%)	医疗保险费(12%)	失业保险费(2%)	合计				
路基工程									
涵洞工程									
供电部门									
机修部门									
施工机械									
工程一处									
公司管理									
合计									

【任务评价】

<table>
<tr><td colspan="5" align="center">模块二　任务完成考核评价</td></tr>
<tr><td>项目名称</td><td>项目一　精算人工费</td><td>任务名称</td><td colspan="2">任务二　掌握人工费的分配及账务处理</td></tr>
<tr><td>班级</td><td></td><td>学生姓名</td><td colspan="2"></td></tr>
<tr><td>评价方式</td><td align="center">评价内容</td><td>分值</td><td colspan="2" align="center">成绩</td></tr>
<tr><td rowspan="3">自我评价</td><td>【训练2-4】完成情况</td><td></td><td colspan="2"></td></tr>
<tr><td>【任务实施】完成情况</td><td></td><td colspan="2"></td></tr>
<tr><td align="center">合计</td><td></td><td colspan="2"></td></tr>
<tr><td rowspan="5">小组评价</td><td>本小组本次任务完成质量</td><td></td><td colspan="2"></td></tr>
<tr><td>个人本次任务完成质量</td><td></td><td colspan="2"></td></tr>
<tr><td>个人参与小组活动的态度</td><td></td><td colspan="2"></td></tr>
<tr><td>个人的合作精神与沟通能力</td><td></td><td colspan="2"></td></tr>
<tr><td align="center">合计</td><td></td><td colspan="2"></td></tr>
<tr><td rowspan="5">教师评价</td><td>个人所在小组的任务完成质量</td><td></td><td colspan="2"></td></tr>
<tr><td>个人本次任务完成质量</td><td></td><td colspan="2"></td></tr>
<tr><td>个人对所在小组的参与度</td><td></td><td colspan="2"></td></tr>
<tr><td>个人对本次任务的贡献度</td><td></td><td colspan="2"></td></tr>
<tr><td align="center">合计</td><td></td><td colspan="2"></td></tr>
<tr><td colspan="5">总评＝自我评价×（　）％＋小组评价×（　）％＋教师评价×（　）％＝</td></tr>
</table>

项目二　细算材料费

任务一　熟悉材料费的内容与账户设置

【任务设定】
掌握施工企业工程成本核算中材料费的核算内容以及相关账户设置。

一、材料费的内容

工程成本中的材料费是指施工企业在施工过程中耗用的构成工程实体的主要材料、辅助材料、结构件、零件、半成品和有助于工程形成的其他材料的实际成本。材料费的构成如下。

细算材料费（一）
——材料费的核算内容
和其入库的成本核算

（一）材料原价（或供应价格）

材料原价是指材料出厂的价格或商家供应的价格，是材料费的主要组成部分。

（二）材料运杂费

材料运杂费是指材料自来源地运至工地仓库或指定堆放地点所发生的全部费用，包括运输费、装卸费、保险费、包装费和仓储费等。

（三）运输损耗费

运输损耗费是指材料在运输和装卸过程中不可避免的损耗。

（四）采购及保管费

采购及保管费是指为组织采购、供应和保管材料过程中所需要的各项费用，包括采购费、仓储费、工地保管费、仓储损耗等。

此外，材料费中还包括一些特殊情况下的费用，如租赁费、让步接收损失、索赔等。

二、材料费的分类

按照材料在施工生产中的用途不同，一般可将材料分为以下几类。

（一）主要材料

主要材料是指用于工程或工程实体，并构成工程或工程实体的各种材料，包括黑色金属材料、有色金属材料、木材、硅酸盐材料（水泥、砖、瓦、灰、矿石等）、小五金材料、电气材料和化工材料等。

（二）结构件

结构件是指经过吊装、拼砌和安装而构成房屋建筑物实体的各种金属、钢筋混凝土和木制的结构件，如钢门、钢窗、各类预制结构等。

（三）机械配件

机械配件是指施工机械、生产设备、运输设备等各种机械设备替换、维修使用的各种零件和配件，以及为机械设备准备的备品备件，如轴承、活塞等。

（四）其他材料

其他材料是指不构成工程或工程实体，但有助于工程或工程实体形成，或便于施工生产进行的各种材料，如小五金材料、防护用品、电气材料、杂品、燃料、油料和润滑油、擦布、绳子等。

（五）周转材料

周转材料是指企业在施工生产过程中能多次使用，并可基本保持原来的形态而逐渐转移其价值的材料。周转材料按用途不同可以分为模板、挡板、架料、其他周转材料。

（六）低值易耗品

低值易耗品是指单项价值在规定金额之内或使用期限低于规定时间，能多次使用且基本上保持其原有实物形态的物品，可以分为生产工具、劳保用品、管理用具和其他用具。

上述前四类材料通过"原材料"账户核算；后两类材料一般通过"周转材料"账户核算。

三、材料费的账户设置

材料费的核算方法包括实际成本核算法和计划成本核算法，实际成本核算法是指在实际发生材料费时，直接按照实际成本进行核算；而计划成本核算法则是按照预先制定的计划成本进行核算，并定期与实际成本进行比较和调整。

在施工企业工程成本核算中，通常采用的账户包括"原材料""周转材料"等用于记录不同种类的材料费，其中，"原材料"账户用于核算主要材料、结构件、机械配件、其他材料等，"周转材料"账户用于核算模板、挡板、架料等可多次使用的材料，低值易耗品（如生产工具、劳保用品等低值易耗品）也归入"周转材料"账户。除上述账户外，还需要设置"应付账款""预付账款"等账户，用于记录与材料采购相关的应付和预付款项，以及"应交税费——应交增值税（进项税额）"用于核算材料采购发生的可以抵扣的增值税进项税额。同时，如果是实际成本核算法，还需要设置"在途物资"账户核算已购买但仍在运输路途中的物资；如果是计划成本核算法，还需要设置"材料采购""材料成本差异"账户分别核算采购材料的计划成本，以及实际成本与计划成本之间的差异，以便及时调整材料费的核算。

在进行材料费的核算时，需要注意以下几点：首先，要准确区分不同种类的材料费；其次，要及时记录和处理与材料采购相关的应付和预付款项，确保账目清晰；最后，如果采用计划成本核算法，需要定期与实际成本进行比较和调整，以保证材料费核算的准确性。

（一）原材料账户

原材料账户如表 2-10 所示。

表 2-10　原材料账户

借　　方	贷　　方
实际成本核算法:已验收入库的各种材料的实际采购成本; 计划成本核算法:已验收入库的各种材料的计划成本	实际成本核算法:发出各种材料的实际成本; 计划成本核算法:发出各种材料的实际成本
实际成本核算法:期末库存材料的实际成本 计划成本核算法:期末库存材料的计划成本	

（1）性质:资产类账户。

（2）结构:借增贷减。

（3）核算内容:核算和监督施工企业库存的各种材料收入、发出和结存情况,包括主要材料、结构件、机械配件、其他材料等。如果采用实际成本核算法,该账户借方登记已验收入库的各种材料的实际采购成本,贷方登记发出各种材料的实际成本,期末余额在借方,表示期末库存材料的实际成本;如果采用计划成本核算法,以上提及的实际成本均改为计划成本进行核算。

（4）明细账户设置:按材料的类别、品种、规格、存放地点设置明细账,进行明细分类核算。

（二）周转材料账户

周转材料账户如表 2-11 所示。

表 2-11　周转材料账户

借　　方	贷　　方
周转材料及低值易耗品的入库	周转材料及低值易耗品的领用
企业期末结存周转材料及低值易耗品的金额	

（1）性质:资产类账户。

（2）结构:借增贷减。

（3）核算内容:核算和监督施工企业各周转材料及低值易耗品的增减变动及结余情况。借方登记周转材料及低值易耗品的增加,贷方登记周转材料及低值易耗品的减少,期末余额在借方,反映企业期末结存周转材料的金额。

（4）明细账户设置:设置"在库""在用""摊销"明细科目核算周转材料的库存保管、领用和耗费等相关金额的变动。

（三）在途物资账户(实际成本核算法下使用)

在途物资账户如表 2-12 所示。

表 2-12　在途物资账户

借　　方	贷　　方
外购材料的买价和采购费用	验收入库结转至"原材料"账户的材料采购成本
尚未运抵企业或虽已运抵企业但尚未验收入库的在途物资的实际成本	

(1)性质:资产类账户。

(2)结构:借增贷减。

(3)核算内容:核算和监督施工企业外购材料的买价和采购费用,以确定原材料的采购成本。借方登记外购材料的买价和采购费用,贷方登记验收入库结转至"原材料"账户的材料采购成本,该账户一般期末没有余额,如有期末余额,通常在借方,表示期末尚未运抵企业或虽已运抵企业但尚未验收入库的在途物资的实际成本。

(4)明细账户设置:按材料物资的品种类别设置明细账,进行明细分类核算。

(四)材料采购账户(计划成本核算法下使用)

材料采购账户如表 2-13 所示。

表 2-13　材料采购账户

借　　方	贷　　方
采购材料的计划成本	入库材料的计划成本
已经付款或已开出、承兑商业汇票但尚未到达或尚未验收入库的在途材料的计划成本	

(1)性质:资产类账户

(2)结构:借增贷减。

(3)核算内容:核算施工企业采用计划成本进行材料采购时,采购材料的计划成本。借方登记采购材料的计划成本,贷方登记入库材料的计划成本,期末如有借方余额,表示已经付款或已开出、承兑商业汇票但尚未到达或尚未验收入库的在途材料的计划成本。

(4)明细账户设置:按照供应单位和物资的品种类别设置明细账,进行明细分类核算,以反映和监督每种材料采购成本的计划执行情况。

小贴士:在途物资 vs 材料采购

1. 采用计划成本组织原材料收发核算的企业,必须设置材料采购账户;采用实际成本组织原材料收发核算的企业,可根据本企业的具体情况,决定是否设置材料采购账户,不设材料采购账户的企业,应设置在途物资账户,核算期末尚未运抵企业或虽已运抵企业但尚未验收入库的原材料的实际成本。

---

2. 采购材料过程中发生的应计入材料成本的采购费用,能够分清归属的,可直接计入各种材料的采购成本,对一次购入多种材料而不能分清归属的采购费用,可根据购入材料的特点,以各种材料的重量、体积、买价等为分配标准,采用一定的分配方法,分配计入各种材料的采购成本。

(五)材料成本差异账户(计划成本核算法下使用)

材料成本差异账户如表 2-14 所示。

表 2-14　材料成本差异账户

借　　方	贷　　方
超支差异及发出材料应负担的节约差异	节约差异及发出材料应负担的超支差异
企业库存材料的实际成本大于计划成本的差异(即超支差异)	企业库存材料实际成本小于计划成本的差异(即节约差异)

(1)性质:资产类账户。

(2)结构:借增贷减。

(3)核算内容:核算和监督施工企业已入库各种材料的实际成本与计划成本的差异。借方登记超支差异及发出材料应负担的节约差异,贷方登记节约差异及发出材料应负担的超支差异。期末如为借方余额,反映企业库存材料的实际成本大于计划成本的差异(即超支差异);期末如为贷方余额,反映企业库存材料实际成本小于计划成本的差异(即节约差异)。

(4)明细账户设置:一般情况不开设明细账户。

(六)应交税费—应交增值税(进项税额)账户

应交税费—应交增值税(进项税额)账户如表 2-15 所示。

表 2-15　应交税费—应交增值税(进项税额)账户

借　　方	贷　　方
施工企业购进材料、商品等验收入库时,按发票账单等列明的增值税进项税额	施工企业将已验收入库的材料、商品等用于在建工程等,按规定应转出的增值税进项税额
施工企业尚未抵扣的增值税进项税额	

(1)性质:负债类账户。

(2)结构:借减贷增。

(3)核算内容:核算施工企业按照税法规定从事生产经营活动应缴纳的增值税进项税额。借方登记施工企业购进材料、商品等验收入库时,按发票账单等列明的增值税进项税额;贷方登记施工企业将已验收入库的材料、商品等用于在建工程时,按规定应转出的增值税进项税额。期末余额一般在借方,反映施工企业尚未抵扣的增值税进项税额。

(4)明细账户设置:一般不需要设置明细账户,但如果有需要,可以按照供应商或材料类别等设置明细科目,以便更好地追踪和管理。

（七）应付账款账户

应付账款账户如表 2-16 所示。

表 2-16　应付账款账户

借　　方	贷　　方
已偿还供应商的款项	应付给供应商的款项
	尚未偿还的应付账款

（1）性质：负债类账户。

（2）结构：借减贷增。

（3）核算内容：核算和监督施工企业因采购材料物资、接受劳务供应等与供应商发生的结算债务的增减变动情况。贷方登记应付给供应商的款项，即应付账款的增加，借方登记已偿还供应商的款项，即应付账款的减少，期末余额一般在贷方，表示尚未偿还的应付账款。

（4）明细账户设置：按供应商的名称设置明细账，进行明细分类核算。

（八）预付账款账户

预付账款账户如表 2-17 所示。

表 2-17　预付账款账户

借　　方	贷　　方
预付给供应商的款项	实际收到的采购材料、商品等物资时，按照应付金额冲减的预付账款
尚未结算的预付账款	

（1）性质：资产类账户。

（2）结构：借增贷减。

（3）核算内容：核算施工企业按照购货合同规定预付给供应商的款项，以及实际收到的采购材料、商品等物资时，按照应付金额冲减的预付账款。借方登记预付给供应商的款项，即预付账款的增加；贷方登记实际收到的采购材料、商品等物资时，按照应付金额冲减的预付账款，即预付账款的减少。期末余额一般在借方，表示尚未结算的预付账款。

（4）明细账户设置：按供应商的名称设置明细账，进行明细分类核算，以反映和监督每个供应商预付账款的发生和结算情况。

（九）银行存款账户

银行存款账户如表 2-18 所示。

表 2-18　银行存款账户

借　　方	贷　　方
银行存款的增加额	银行存款的减少额
期末银行存款的实有数额	

（1）性质：资产类账户。

（2）结构：借增贷减。

（3）核算内容：核算和监督施工企业银行存款的增减变动及其结余情况。借方登记银行存款的增加额，贷方登记银行存款的减少额，期末余额在借方，表示期末银行存款的实有数额。

（4）明细账户设置：应按开户银行和货币种类分别设置银行存款日记账。

（十）库存现金账户

库存现金账户如表 2-19 所示。

表 2-19　库存现金账户

借　　方	贷　　方
库存现金的增加额	库存现金的减少额
期末库存现金的实有数额	

（1）性质：资产类账户。

（2）结构：借增贷减。

（3）核算内容：核算和监督施工企业库存现金的增减变动及其结余情况。借方登记库存现金的增加额，如现金收入、从银行提取现金等；贷方登记库存现金的减少额，如现金支出、现金存入银行等。期末余额在借方，表示期末库存现金的实有数额。

（4）明细账户设置：本账户一般不需设置明细账，但对于有大量现金收支业务的企业，可以按照现金的种类或收支业务的不同设置明细账，以便更好地追踪和管理现金的流动情况。

（十一）待处理财产损溢账户

待处理财产损溢账户如表 2-20 所示。

表 2-20　待处理财产损溢账户

借　　方	贷　　方
待处理的各项财产物资的盘亏及毁损金额；经批准处理的财产物资盘盈的转销数字	待处理的各项财产物资的盘盈金额；经批准处理的财产物资盘亏及毁损的转销数字
	尚待批准处理的各项财产物资的盘盈金额

（1）性质：资产类账户（双重性质账户）。

（2）结构：借减贷增。

（3）核算内容：核算和监督施工企业财产清查中查明的各种财产物资盘盈、盘亏和毁损及其处理情况；在材料入库环节主要用于核算材料运输的非合理损耗。借方登记待处理的各项财产物资的盘亏及毁损金额；经批准处理的财产物资盘盈的转销数字。贷方登记待处理的各项财产物资的盘盈金额；经批准处理的财产物资盘亏及毁损的转销数字，贷方余额反映尚待批准处理的各项财产物资的盘盈金额。

（4）明细账户设置：该账户下设待处理流动资产损溢、待处理非流动资产损溢两个明细科目。

小贴士:什么是双重性质账户

在借贷记账法下,可以根据需要设置双重性质账户。双重性质账户是指既可以用来核算资产、费用,又可以用来核算负债、所有者权益和收入的账户。这类账户或者只有借方余额,或者只有贷方余额。根据双重性质账户期末余额的方向,可以确定账户的性质。在会计中,一些账户如待处理财产损溢、投资收益、固定资产清理、应收账款等都是双重性质账户。由于任何一个双重性质账户都是把原来的两个有关账户合并在一起,并具有合并前两个账户的功能,所以设置双重性质账户可以减少账户数量,使账务处理简便灵活。

(十二) 委托加工物资账户

委托加工物资账户如表 2-21 所示。

表 2-21　委托加工物资账户

借　　方	贷　　方
委托加工物资的实际成本	加工完成验收入库的物资和剩余物资的实际成本
尚未完工的委托加工物资的实际成本	

(1)性质:资产类账户。

(2)结构:借增贷减。

(3)核算内容:核算施工企业委托外单位加工的各种物资的实际成本,包括加工中实际耗用物资的成本、支付的加工费用及应负担的运杂费、税金等。借方登记委托加工物资的实际成本,贷方登记加工完成验收入库的物资和剩余物资的实际成本。期末余额在借方,表示尚未完工的委托加工物资的实际成本。

(4)明细账户设置:该账户应按照加工单位和加工物资的类别设置明细账,进行明细分类核算,以便更好地追踪和管理委托加工物资的成本情况。

【任务实施】

某建筑公司 4 月份有关材料费的经济业务如下,请选择合适的账户完成相关账务处理。

(1)4 月 6 日,向 A 供应商购入甲材料一批,增值税专用发票上注明价格为 60 000 元,增值税为 7 800 元,另外支付运费 2 000 元(有运输发票),货未收到,款项已支付。

(2)4 月 9 日,以上甲材料已运到,办理入库手续。

(3)4 月 18 日,向 B 供应商采购乙材料一批,材料已到达,发票已收到,增值税专用发票上注明不含税价格为 30 000 元,增值税为 3 900 元。

(4)4 月 20 日,委托 C 厂加工丙材料一批,加工过程中耗用甲材料 20 000 元,委托加工费为 3 000 元,往返运费为 400 元。材料已验收入库。

（5）4 月 22 日，接受 A 供应商投资，收到甲材料一批，价格为 500 000 元，增值税 85 000 元，折合股本 450 000 元。

（6）本月原材料的领用情况如下：生产产品领用甲材料 30 000 元、乙材料 10 000 元；管理部门装修领用丙材料 5 000 元；车间一般消耗领用甲材料 15 000 元；销售部门领用乙材料 5 000 元。

【任务评价】

模块二　任务完成考核评价			
项目名称	项目二　细算材料费	任务名称	任务一　熟悉材料费的内容与账户设置
班级		学生姓名	
评价方式	评价内容	分值	成绩
自我评价	【任务实施】完成情况		
	合计		
小组评价	本小组本次任务完成质量		
	个人本次任务完成质量		
	个人参与小组活动的态度		
	个人的合作精神与沟通能力		
	合计		
教师评价	个人所在小组的任务完成质量		
	个人本次任务完成质量		
	个人对所在小组的参与度		
	个人对本次任务的贡献度		
	合计		
总评＝自我评价×（　）％＋小组评价×（　）％＋教师评价×（　）％＝			

任务二　掌握原材料收入及发出的核算

【任务设定】

掌握施工企业原材料入库成本的计算，以及实际成本核算法和计划成本核算法下原材料采购、入库经济业务不同的账务处理。

原材料是指施工企业在施工建设过程中经过加工改变其形态或性质并构成产品主要实体的各种原材料、主要材料和外购半成品，以及相关辅助材料，主要包括黑色金属、有色金属、木材、硅酸盐等主要材料，以及结构件、机械配件和其他材料。

原材料的日常收入发出（简称收发）及结存可以采用实际成本核算，也可以采用计划成本核算。实际成本核算法是材料采用实际成本核算时,无论总分类核算还是明细分类核算,材料的收发及结存均按照实际成本计价。计划成本核算法是材料采用计划成本核算时,无论总分类核算还是明细分类核算,材料的收发及结存均按照计划成本计价。两种核算方法的使用范围是不同的,一般情况下,企业的规模小,材料的品种规格不多,收发不太频繁,可以采用实际成本核算法,相反则可以采用计划成本核算法。不管采用哪一种核算方法,采购成本包括买价和相关的费用。

细算材料费(二)
——材料费发出
的成本核算

一、实际成本核算法下原材料收入及发出的核算

(一)实际成本核算法下原材料收入的核算

1. 原材料入库成本的确定

建筑施工企业原材料的采购成本包括买价和相关的费用,计算公式如下。

材料成本＝买价(不含税)＋ 运杂费(不含税)－非合理损耗(不含税)

使用上述公式计算时,需要注意下列事项。

(1)材料的买价是指施工企业购入的材料或商品的发票账单上列明的价款,但不包括按照规定可以抵扣的增值税进项税额。

(2)材料的运杂费是指施工企业购买材料的相关税费,如进口关税、消费税、资源税、不能抵扣的增值税进项税额和相应的教育费附加等,以及材料采购过程中发生的仓储费、包装费,运输途中的合理损耗,入库前的挑选整理费用(包括挑选整理中发生的工费支出和挑选整理过程中所发生的数量损耗,并扣除回收的下脚废料价值)等。

(3)运输途中的合理损耗是指商品在运输过程中,因材料性质、自然条件及技术设备等因素,发生的自然的或不可避免的损耗。例如,材料在运输过程中自然散落以及易挥发产品在运输过程中的自然挥发等。

(4)运输途中的非合理损耗是指由于非正常的因素导致的损耗,如因管理不善、运输工具发生问题等原因造成的损耗。这部分损耗不应计入材料的采购成本,而应作为营业外支出处理。

【例题 2-9】 某施工企业为一般纳税人,本月购买了一批用于施工项目的商品混凝土,购买过程涉及以下信息:商品混凝土的不含税购买价格为 20 000 元,由于材料需要从供应商处运输到施工现场,产生的运输费用为 3 000 元,购买原材料时产生增值税进项税额 2 600 元(未取得增值税专用发票)。

入库成本 ＝ 购买价格 ＋ 运输费用 ＋ 不可抵扣的税费

＝ 20 000 ＋ 3 000 ＋ 2 600

＝ 25 600(元)

因此,这批原材料的入库成本为 25 600 元。

【训练 2-5】 某施工企业为一般纳税人,本期购入砂石一批,进货价格为 8 万元,增值税进项税额为 1.04 万元(取得增值税专用发票)。砂石抵达后发现短缺 30%,其中合理

损耗为 5%，另外 25% 的短缺尚待查明原因。请计算该施工企业该批砂石的入库成本。

2. 原材料收入的账务处理

实际成本核算法下原材料收入的账务处理主要涉及原材料的采购、运输及入库，具体的账务处理如下。

（1）采购原材料。

借：在途物资（实际支付的买价和运杂费）

　　应交税费—应交增值税（进项税额）（取得增值税专用发票上的税额）

　　　贷：银行存款（或应付账款、应付票据等）

（2）原材料入库时，根据实际入库数量和金额考虑合理损耗。

借：原材料（实际入库的原材料成本）

　　　贷：在途物资（实际支付的买价和运杂费）

（3）对于入库前的合理损耗，由于损耗是不可避免的，因此将其计入原材料成本。

借：原材料

　　　贷：在途物资

（4）对于入库前的非合理损耗，若尚未查明非合理损耗的原因，应先将其计入"待处理财产损溢"科目，待查明原因后，再根据具体原因转入"管理费用""营业外支出"等科目，同时作进项税额的转出。

借：待处理财产损溢

　　　贷：在途物资

查明原因后。

借：管理费用/营业外支出

　　　贷：待处理财产损溢

　　　　　应交税费—应交增值税（进项税额）（根据非合理损耗部分不含税价格和增值税率计算）

【例题 2-10】　沿用【训练 2-5】完成原材料采购和入库的账务处理。

根据题意，进货价格为 8 万元，增值税进项税额为 1.04 万元，砂石短缺 30%，其中合理损耗 5%，非合理损耗 25%。

（1）采购原材料时。

借：在途物资　　　　　　　　　　　　　　　　　　　　　　　80 000

　　应交税费—应交增值税（进项税额）　　　　　　　　　　　10 400

　　　贷：银行存款　　　　　　　　　　　　　　　　　　　　90 400

（2）原材料入库时，根据实际入库数量和金额考虑合理损耗。

合理损耗部分（5%）应计入原材料成本，因此实际入库数量为原数量的75%，对于待查明原因的非合理损耗短缺部分（25%），先计入"待处理财产损溢"账户。

$$实际入库成本 = 80\,000 \times 75\% = 60\,000（元）$$

账务处理如下。

借：原材料   60 000

  待处理财产损溢   20 000

  贷：在途物资   80 000

（3）待查明原因后，若属于不可抗拒原因导致，则将其从"待处理财产损溢"中转出，计入"营业外支出"。账务处理如下。

借：营业外支出   20 000

  贷：待处理财产损溢   20 000

【训练2-6】 2022年12月1日，某公司向振兴砖瓦厂购买青砖一批，买价20 000元，运费100元，均以银行存款支付，该题不考虑增值税。当月25日，青砖运到，验收入库时发现短缺300块砖，价款为300元，日后经查明其中定额损耗为100块砖，试确定该批砖的入库成本，并完成采购、入库的账务处理。

（二）实际成本核算法下原材料发出的核算

1．原材料发出成本的计算

原材料发出的账务处理主要涉及原材料从仓库领用至具体工程项目或生产过程中的会计处理。在实际成本核算法下，原材料发出时的成本通常按照先进先出（FIFO）、一次性加权平均或移动加权平均等方法计算得出。

（1）先进先出法。

先进先出法是指以先购入的材料先发出这种材料实物流动假设为前提，对发出存货进行计价的一种方法。采用这种方法计算原材料发出时的成本时，先购入的材料成本在后购入材料成本之前转出，据此确定发出材料和期末结存的成本。具体方法如下：收入材料时逐笔登记收入材料的数量、单价和金额；发出材料时，按照先进先出的原则逐笔登记材料的发出成本和结存金额。

先进先出法的优点是可以随时结转材料发出成本，但也因此较烦琐。如果材料收发次数较多，且单价不稳定，其工作量较大。在物价持续上升时，若仍按照先进的物价对原材料计价会导致发出成本偏低，从而高估了企业当期利润和库存材料价值；反之会低估材料价值和当期利润。

【例题2-11】 原材料(主机)购销明细如表2-22所示。7月1日期初结存3 350台,单价22元,小计73 700元;7月5日进货10 000台,单价23元,小计230 000元。7月15日进货20 000台,单价21.5元,小计430 000元。

请根据先进先出法计算7月10日销售5 000台、7月20日销售15 000台、7月30日销售4 500台的原材料的发出存货成本。

表2-22 原材料(主机)购销明细(先进先出法)

编制单位:××家电制造有限公司　　　　　　　　金额单位:元　　　　　　　数量单位:台

2021年		摘要	入　库			出　库			结存(从旧到新排序)		
月	日		数量	单价	金额	数量	单价	金额	数量	单价	金额
7	1	期初结存							3 350	22	73 700
7	5	入库	10 000	23	230 000				3 350	22	73 700
									10 000	23	230 000
7	10	出库				3 350	22	73 700	8 350	23	192 050
						1 650	23	37 950			
7	15	入库	20 000	21.5	430 000				8 350	23	192 050
									20 000	21.5	430 000
7	20	出库				8 350	23	192 050	13 350	21.5	287 025
						6 650	21.5	142 975			
7	30	出库				4 500	21.5	96 750	8 850	21.5	190 275
7	31	期末结存							8 850	21.5	190 275

【训练2-7】 2023年12月,振兴建筑有限公司(一般纳税人)本月甲材料的购入和发出情况如表2-23所示,要求采用先进先出法核算本月发出材料的成本以及月末结存的材料成本。

表2-23 甲材料的购入和发出情况(先进先出法)

日期		摘要	收　入			发　出			结　存		
月	日		数量/吨	单价/元	金额/元	数量/吨	单价/元	金额/元	数量/吨	单价/元	金额/元
12	1	期初余额							300	10	3 000
12	3	第一批购入	200	12	2 400						

日期		摘要	收　　入			发　　出			结　　存		
月	日		数量/吨	单价/元	金额/元	数量/吨	单价/元	金额/元	数量/吨	单价/元	金额/元
12	10	领用				400					
12	20	第二批购入	100	14	1 400						
12	31	本月合计	300	26	3 800	400					

（2）一次性加权平均法。

一次性加权平均法是指以本期全部购进材料数量加上期初库存材料数量作为权数，除以本期全部购进材料成本加上期初材料成本，计算出材料的加权平均单位成本，以此为基础计算本期发出材料的成本和期末结存材料成本的一种方法。相关计算公式如下。

材料单位成本＝（期初结存存货成本＋本期各批进货的实际成本之和）÷
（期初结存存货的数量＋本期各批进货数量之和）

本期发出存货的成本＝本期发出存货的数量×材料单位成本

期末结存存货成本＝期末结存存货的数量×材料单位成本

采用一次性加权平均法的优点是只需要在期末一次计算加权平均单价，可以简化成本计算工作。但由于期末一次计算加权平均单价和发出存货成本，不便于存货成本的日常管理与控制。

【例题 2-12】　请根据一次性加权平均法计算原材料的发出存货成本。原材料（主机）期初结存和本期进货情况如表 2-24 所示。7 月 1 日期初结存 3 350 台，单价 22 元，小计73 700 元；7 月 5 日进货 10 000 台，单价 23 元，小计 230 000 元。7 月 15 日进货 20 000台，单价 21.5 元，小计 430 000 元。

表 2-24　原材料（主机）期初结存和本期进货情况

编制单位：××家电制造有限公司　　　　　　金额单位：元　　　　　　数量单位：台

品名	期初数量	期初成本	本月入库数量	本月入库成本	本月发出数量	本期发出成本
主机	3 350	73 700	30 000	660 000	24 500	539 000

一次性加权平均单价＝（73 700＋660 000）/（3 350＋30 000）＝22（元）

本期发出成本＝22×24 500＝539 000（元）

【训练 2-8】　2023 年 12 月，振兴建筑有限公司（一般纳税人）本月甲材料的购入和发出情况如表 2-25 所示，要求用一次性加权平均法核算本月发出材料的成本以及月末结存的材料成本。

表 2-25　甲材料的购入和发出情况(一次性加权平均法)

| 日期 | | 摘要 | 收　入 | | | 发　出 | | | 结　存 | | |
月	日		数量/吨	单价/元	金额/元	数量/吨	单价/元	金额/元	数量/吨	单价/元	金额/元
12	1	期初余额							300	10	3 000
12	3	第一批购入	200	12	2 400				500		
12	10	领用				400			100		
12	20	第二批购入	100	14	1 400				200		
12	31	本月合计	300	26	3 800	400			200		

(3)移动加权平均法。

移动加权平均法是指以每次进货的成本加上原有结存存货成本的合计额,除以每次进货数量加上原有结存存货数量的合计数,以此计算加权平均单位成本,作为在下次进货前计算各次发出材料成本依据的一种方法。相关计算公式如下。

$$材料单位成本＝(原有结存存货成本＋本次进货的成本)÷$$
$$(原有结存存货数量＋本次进货数量)$$

$$本次发出存货成本＝本次发出存货数量×本次发货前存货的单位成本$$

$$本期期末结存存货成本＝期末结存存货的数量×本期期末存货单位成本$$

采用移动加权平均法的优点是能够使企业管理层及时了解存货的结存情况,计算的平均单位成本以及发出和结存的存货成本比较客观。但由于每次收货都要计算一次平均单位成本,计算工作量较大,对收发货较频繁的企业不太适用。

【例题 2-13】　原材料(主机)购销明细如表 2-26 所示。7 月 1 日期初结存 3 350 台,单价 22 元,小计 73 700 元;7 月 5 日进货 10 000 台,单价 23 元,小计 230 000 元。7 月 15 日进货 20 000 台,单价 21.5 元,小计 430 000 元。请根据移动加权平均法计算原材料的发出存货成本。计算金额有小数的按四舍五入法保留 2 位小数。

表 2-26　原材料(主机)购销明细(移动加权平均法)

编制单位:××家电制造有限公司　　　　　　　　金额单位:元　　　　　　　　数量单位:台

| 2021 年 | | 摘要 | 入　库 | | | 出　库 | | | 结　存 | | |
月	日		数量	单价	金额	数量	单价	金额	数量	单价	金额
7	1	期初结存							3 350	22	73 700
7	5	入库	10 000	23	230 000				13 350	(73 700＋230 000)/13 350＝22.75	303 700

2021年		摘要	入　　库			出　　库			结　　存		
月	日		数量	单价	金额	数量	单价	金额	数量	单价	金额
7	10	出库				5 000	22.75	113 750	8 350	189 950/ 8 350 =22.75	303 700－ 113 750 =189 950
7	15	入库	20 000	21.5	430 000				28 350	619 950/ 28 350 =21.87	619 950
7	20	出库				15 000	21.87	328 050	13 350	291 900/ 13 350 =21.87	291 900
7	30	出库				4 500	21.87	98 415	8 850	193 485/ 8 850 =21.86	193 485
7	31	期末 结存							8 850	21.86	193 485

【训练2-9】　2023年12月,振兴建筑有限公司(一般纳税人)本月甲材料的购入和发出情况如表2-27所示,要求用移动加权平均法核算本月发出材料的成本以及月末结存的材料成本。

表2-27　甲材料的购入和发出情况(移动加权平均法)

日期		摘要	收　　入			发　　出			结　　存		
月	日		数量 /吨	单价 /元	金额 /元	数量 /吨	单价 /元	金额 /元	数量 /吨	单价 /元	金额 /元
12	1	期初 余额							300	10	3 000
12	3	第一批 购入	200	12	2 400				500		
12	10	领用				400			100		
12	20	第二批 购入	100	14	1 400				200		
12	31	本月 合计	300		3 800	400			200		

2. 原材料发出的账务处理

施工企业发出的材料主要分为以下几种情形。

（1）工程施工领用消耗的原材料，借计"合同履约成本—××项目—直接材料费"科目，贷记"原材料"科目。

（2）机械作业耗用的原材料，借记"机械作业"科目，贷记"原材料"科目。

（3）辅助生产领用的原材料，借记"辅助生产成本"科目，贷记"原材料"科目。

（4）管理部门领用的原材料，借记"管理费用"科目，贷记"原材料"科目。

（5）销售部门领用的原材料，借记"销售费用"科目，贷记"原材料"科目。

（6）出售材料结转成本，按出售材料实际成本，借记"其他业务成本"科目，贷记"原材料"科目。

在实务中，为了简化核算，企业平时发出原材料可以不编制会计分录，月末再根据领料单等编制发料凭证汇总表，据此完成原材料发出的账务处理。

【训练 2-10】 1. 施工企业甲公司 2023 年 1 月 9 日采用托收承付结算方式购入钢材 2 吨，取得的增值税专用发票上注明的价款为 400 000 元，增值税税额为 52 000 元，款项在承付期内以银行存款的方式支付，材料已验收入库。甲公司为增值税一般纳税人，请采用实际成本进行材料日常核算，要求编制相关会计分录。

2. 施工企业甲公司 2023 年 5 月 1 日采用托收承付结算方式购入钢材 1 吨，取得的增值税专用发票上注明的价款为 200 000 元，增值税税额为 26 000 元，取得的运费增值税专用发票上注明的价款为 2 000 元，增值税税额为 130 元，材料尚未到达，款项尚未支付。甲公司为增值税一般纳税人，请采用实际成本进行材料日常核算，要求编制相关会计分录。

3. 2023 年 5 月 10 日上述购入的钢材已收到，并验收入库。要求编制相关会计分录。

4. 2023 年 5 月 11 日施工企业甲公司 X 工程项目，领用钢材 2.5 吨用于工程施工，甲公司采用先进先出法核算钢材，已知该钢材年初无库存，只在 2023 年 1 月 9 日及 2023 年 5 月 1 日进行了采购，要求编制发出钢材的会计分录。

二、计划成本核算法下原材料收入及发出的核算

采用计划成本核算材料的收入、发出及结存,无论是总分类核算还是明细分类核算,均按照计划成本计价。材料实际成本与计划成本的差异通过"材料成本差异"科目核算。期末,计算本期发出材料应负担的成本差异并进行分摊,根据领用材料的用途计入相关资产的成本或者当期损益,从而将发出材料的计划成本调整为实际成本。

(一) 计划成本核算法下原材料收入的核算

"原材料"科目的借方登记入库材料的计划成本,贷方登记发出材料的计划成本。期末余额在借方,反映施工企业库存材料的计划成本。"材料采购"科目的借方登记采购材料的实际成本,贷方登记入库材料的计划成本。借方金额大于贷方金额表示超支,从"材料采购"科目贷方转入"材料成本差异"科目的借方;贷方金额大于借方金额表示节约,从"材料采购"科目借方转入"材料成本差异"科目的贷方。期末为借方余额,反映企业在途材料的实际采购成本。

【例题 2-14】 2023 年 12 月 1 日,振兴建筑有限公司(一般纳税人)购入乙材料一批,增值税专用发票上注明的价款为 400 000 元,增值税税额为 52 000 元,发票账单已收到,计划成本为 380 000 元,材料尚未入库,款项已用银行存款支付。振兴建筑有限公司采用计划成本进行材料日常核算,应编制如下会计分录:

借:材料采购—乙材料　　　　　　　　　400 000

　　应交税费—应交增值税(进项税额)　　52 000

　　贷:银行存款　　　　　　　　　　　　452 000

【例题 2-15】 2023 年 12 月 10 日,振兴建筑有限公司(一般纳税人)12 月 1 日购入的乙材料已验收入库。振兴建筑有限公司采用计划成本进行材料日常核算,应编制如下会计分录。

借:原材料　　　　　　　　380 000

　　贷:材料采购—乙材料　　380 000

结转材料成本差异如下。

借:材料成本差异—乙材料　　20 000

　　贷:材料采购　　　　　　20 000

【训练 2-11】 2023 年 12 月 12 日,振兴建筑有限公司(一般纳税人)购入丙材料一批,增值税专用发票上注明的价款为 50 000 元,增值税税额为 6 500 元,发票账单已收到,计划成本为 51 000 元,材料已验收入库,款项采用商业承兑汇票支付。振兴建筑有限公司采用计划成本进行材料日常核算,请完成丙材料的采购、入库和差异结转。

（二）计划成本核算法下原材料发出的核算

施工企业采用计划成本对材料进行日常核算时,其发出材料的核算步骤如下。

1. 按计划成本完成材料发出的账务处理

（1）生产施工、经营管理领用材料,按照领用材料的用途和计划成本,借记"合同履约成本""机械作业""生产成本""制造费用""销售费用""管理费用"等科目,贷记"原材料"科目。

（2）出售材料结转成本,按出售材料计划成本,借记"其他业务成本"科目,贷记"原材料"科目。

2. 将发出材料成本由计划成本调整为实际成本

施工企业日常采用计划成本核算的,平时除按照计划成本核算法完成材料发出的账务处理外,还需要定期根据一定时期的材料成本差异率,将涉及的成本科目由计划成本调整为实际成本,根据超支或节支借记或贷记"材料成本差异"科目,同时调整"合同履约成本""机械作业""生产成本""制造费用""销售费用""管理费用""其他业务成本"等成本和损益类科目。

本期材料成本差异率和本期发出材料应负担的成本差异的计算公式如下。

本期材料成本差异率＝（期初结存材料的成本差异＋本期验收入库材料的
成本差异）÷（期初结存材料的计划成本＋本期验收入库材
料的计划成本）×100%

本期发出材料应负担的成本差异＝本期发出材料的计划成本×本期材料成本差异率

如果企业的材料成本差异率各期之间比较均衡,则企业也可以采用期初材料成本差异来分摊本期的材料成本差异。期初材料成本差异率和发出材料应负担的成本差异的计算公式如下。

期初材料成本差异率＝期初结存材料的成本差异÷期初结存材料的计划成本×100%

发出材料应负担的成本差异 ＝ 发出材料的计划成本×期初材料成本差异率

【例题 2-16】 某施工企业细砂期初结存计划成本 30 000 元,超支差异 500 元,本月外购该细砂实际成本 49 900 元,计划成本 50 000 元,本月发出水泥计划成本为 25 000 元,其中甲工程领用 20 000 元,施工管理部门领用 2 000 元,行政管理部门领用 3 000 元。编制相应会计分录。

本月细砂材料成本差异率＝（500－100）÷（30 000＋50 000）×100%＝0.5%

本月按照计划成本发出材料如下。

借:合同履约成本—甲工程　　　　　　20 000

　　　　　　—间接费用　　　　　　2 000

　　管理费用　　　　　　　　　　　　3 000

　　贷:原材料—细砂　　　　　　　　25 000

差异调整如下。

借:材料成本差异—细砂　　　　　　　　　　　　　　　　　125

　　贷:合同履约成本—甲工程　　　　　　　　　　　　　　　　100

　　　　　　　—间接费用　　　　　　　　　　　　　　　　　10

　　管理费用　　　　　　　　　　　　　　　　　　　　　　　15

【训练 2-12】 某施工企业的 32.5 水泥期初结存计划成本 10 000 元,超支差异 200 元,本月外购 32.5 水泥实际成本 49 450 元,计划成本 50 000 元,自制 32.5 水泥实际成本 4 700 元,计划成本 5 000 元。本月发出水泥计划成本为 28 000 元,其中甲工程领用 20 000元,施工管理部门耗用 5 000 元,行政管理部门领用 3 000 元。

1. 归集成本费用

2. 调整成本费用

(1)计算本月材料成本差异率。

(2)调整本月成本费用。

(3)会计分录。

三、材料费的分配

在施工企业中,当多个工程项目共同领用消耗同种材料时,就需要采用适当的分配方法将材料费合理分配到各个工程项目中。分配标准的选择应当基于材料消耗与工程项目之间的关系来确定,确保分配的公平性和准确性。常见的分配标准包括原材料的定额消耗量、生产工时等。分配标准的选择需要依据企业的实际情况和管理的需要来决定。相关计算公式如下。

　　　　某项目应负担的原材料费用=该项目耗用的分配标准量×分配率

　　　　　　　　分配率=消耗的原材料总额÷待分配标准总额

(一)定额消耗量分配法

在消耗定额比较准确的情况下,原材料可按照项目领用的材料定额消耗量比例或材料定额费用比例进行分配。这种方法是根据每个工程项目所消耗的定额材料量来分配材料费的。首先,需要确定每个工程项目的定额消耗量;然后,将总材料费按照各项目的定额消耗量比例分配到各个项目中。这种方法适用于材料消耗与工程项目之间有明确比例关系的情况。

按材料定额消耗量比例分配材料费的计算公式如下。

某种产品材料定额消耗量＝该种产品实际产量×单位产品材料消耗定额

材料消耗量分配率＝材料实际总消耗量÷各种产品材料定额消耗量之和

某种产品应分配的材料费＝该种产品的材料定额消耗量×材料消耗量分配率×材料单价

【例题 2-17】 某施工企业本月共有 A、B 两个工程项目耗用水泥,实际消耗水泥总量为 100 吨,实际总成本为 50 000 元。A 工程项目的水泥定额消耗量为 60 吨,B 工程项目的水泥定额消耗量为 40 吨。假设水泥单价为 500 元/吨,根据定额消耗量分配法,计算并分配两个工程项目的水泥费用。

(1) 计算水泥的消耗量分配率。

水泥消耗量分配率 ＝ 实际总消耗量 ÷（A 工程项目定额消耗量 ＋ B 工程项目定额消耗量）

＝100 ÷（60 ＋ 40）

＝1

(2) 根据消耗量分配率计算两个工程项目应分配的水泥费用如下。

A 工程项目应分配的水泥费用＝60 × 500 ＝ 30 000(元)

B 工程项目应分配的水泥费用＝40 × 500 ＝ 20 000(元)

(3) 编制相应的会计分录

借:合同履约成本—A 工程—直接材料费 　　　30 000

　　　　　　　　　—B 工程—直接材料费 　　　20 000

　　贷:原材料—主要材料—水泥 　　　　　　　50 000

【训练 2-13】 振兴建筑有限公司建造甲、乙两项工程,共同耗用细砂 200 吨,单价 35.1 元/吨,行政管理部门耗用了细砂 5 吨,辅助生产领用的细砂 2 吨,其中甲、乙两项工程细砂的定额消耗量分别是 60 吨、120 吨。要求采用定额消耗量法对工程施工领用细砂进行分配,并对耗用细砂作出相关的账务处理。

(二) 生产工时分配法

在生产工时能够准确核算的情况下,原材料费用也可以按照各工程项目所耗生产工时的比例进行分配。这种方法是根据每个工程项目所消耗的生产工时来分配材料费的。

它假设每个工程项目所消耗的材料费与生产工时成正比。首先,需要统计每个工程项目的生产工时;然后,根据各项目的生产工时比例来分配总材料费。这种方法适用于材料消耗与工程项目之间的比例关系不明显,但与生产工时之间有较强关联性的情况。相关计算公式如下。

$$生产工时分配率 = 材料实际总消耗量(或总成本)÷各种产品生产工时之和$$
$$某项目应分配的材料费 = 该项目实际生产工时 × 生产工时分配率$$

【例题 2-18】　振兴建筑有限公司建造甲、乙两项工程,各部门共同耗用细砂 200 吨,单价 35.1 元/吨。假设甲工程的生产工时为 1 000 小时,乙工程的生产工时为 1 500 小时,项目部的工时为 200 小时,辅助生产的工时为 100 小时。

要求采用生产工时分配法进行分配,并对耗用细砂作出相关的账务处理。

(1)计算生产工时分配率。

$$生产工时分配率 = 总细砂成本/总生产工时$$
$$= (200 × 35.1)/(1\ 000 + 1\ 500 + 200 + 100)$$
$$= 7\ 020/2\ 800$$
$$= 2.51(元/小时)$$

(2)根据生产工时分配率,计算各工程项目应分配的细砂费用。

$$甲工程应分配的细砂费用 = 1\ 000 × 2.51 = 2\ 510(元)$$
$$乙工程应分配的细砂费用 = 1\ 500 × 2.51 = 3\ 765(元)$$
$$项目部应分配的细砂费用 = 200 × 2.51 = 502(元)$$
$$辅助生产应分配的细砂费用 = 100 × 2.51 = 251(元)$$

(3)编制相应的会计分录。

借:合同履约成本—甲工程—直接材料费	2 510
—乙工程—直接材料费	3 765
—间接费用	502
辅助生产成本	251
贷:原材料—主要材料—细砂	7 028

(三)直接比例分配法

直接比例分配法根据每个工程项目直接使用的材料量来分配材料费,它的假设是每个工程项目直接使用的材料量与其所需承担的材料费成正比。首先,需要统计每个工程项目直接使用的材料量;然后,根据各项目的直接使用材料量比例来分配总材料费。这种方法适用于能够准确计量每个工程项目直接使用材料量的情况。相关计算公式如下。

$$直接比例分配率 = 材料实际总消耗量(或总成本)÷各工程项目直接使用的材料量之和$$
$$某项目应分配的材料费 = 该项目直接使用的材料量 × 直接比例分配率$$

【例题 2-19】　振兴建筑有限公司建造有甲、乙两项工程,共同耗用细砂 200 吨,单价 35.1 元/吨。甲工程直接使用了 120 吨细砂,乙工程直接使用了 80 吨细砂。要求采用直接比例分配法进行分配,并对耗用细砂作出相关的账务处理。

（1）计算直接比例分配率。

$$直接比例分配率＝总细砂成本／各工程项目直接使用的细砂量之和$$

$$＝（200×35.1）/（120＋80）$$

$$＝7\ 020/200$$

$$＝35.1（元/吨）$$

（2）根据直接比例分配率，计算各工程项目应分配的细砂费用。

$$甲工程应分配的细砂费用＝120×35.1＝4\ 212（元）$$

$$乙工程应分配的细砂费用＝80×35.1＝2\ 808（元）$$

（3）编制相应的会计分录。

借：合同履约成本—甲工程—直接材料费　　　　　　　　　　　　　　　　4 212

　　　　　—乙工程—直接材料费　　　　　　　　　　　　　　　　　　　2 808

　　贷：原材料—主要材料—细砂　　　　　　　　　　　　　　　　　　　　7 020

在实际操作中，企业可以根据工程项目的特点、材料消耗情况和管理需求，选择最适合自己的分配方法。同时，为了保证分配的准确性和公正性，企业还需要建立完善的材料管理制度和核算体系，确保材料费的合理分配和准确核算。

【任务实施】

1. 采用实际成本法核算下述案例的材料费

邕投建筑有限公司有101、102两个合同项目，有两个辅助生产车间，分别为供电车间和供水车间；材料存货主要为原材料及主要材料，按照实际成本计价；材料费按照定额消耗量分配法进行分配。

会计期间为2021年1月1日至2021年12月31日，模拟实训业务期间为2021年3月1日至3月31日。

原始资料如下所示。

领料单

领料部门:101项目　　　　　　　2021年3月2日　　　　　　　编号:01

材料编号	材料名称	计量单位	数量	单价/元	金额/元	用途
401	甲材料	千克	1 100	20	22 000	101项目耗用

部门主管：　　　　　　　保管员：　　　　　　　领料人：

领料单

领料部门:102项目　　　　　　　2021年3月2日　　　　　　　编号:02

材料编号	材料名称	计量单位	数量	单价/元	金额/元	用途
402	乙材料	千克	900	30	27 000	102项目耗用

部门主管：　　　　　　　保管员：　　　　　　　领料人：

领料单

领料部门:101 项目　　　　2021 年 3 月 3 日　　　　　　　编号:03

材料编号	材料名称	计量单位	数　量	单价/元	金额/元	用　途
401	甲材料	千克	650	10	6 500	101 项目耗用

部门主管:　　　　　　保管员:　　　　　　领料人:

领料单

领料部门:102 项目　　　　2021 年 3 月 3 日　　　　　　　编号:04

材料编号	材料名称	计量单位	数　量	单价/元	金额/元	用　途
402	乙材料	千克	1 250	15	18 750	102 项目耗用

部门主管:　　　　　　保管员:　　　　　　领料人:

领料单

领料部门:101、102 项目　　　　2021 年 3 月 3 日　　　　　　　编号:05

材料编号	材料名称	计量单位	数　量	单价/元	金额/元	用　途
403	丙材料	千克	1 000	13	13 000	施工生产用

部门主管:　　　　　　保管员:　　　　　　领料人:

领料单

领料部门:供电车间　　　　2021 年 3 月 5 日　　　　　　　编号:06

材料编号	材料名称	计量单位	数　量	单价/元	金额/元	用　途
404	丁材料	千克	250	5	1 250	施工生产用

部门主管:　　　　　　保管员:　　　　　　领料人:

领料单

领料部门:供水车间　　　　2021 年 3 月 5 日　　　　　　　编号:07

材料编号	材料名称	计量单位	数　量	单价/元	金额/元	用　途
404	丁材料	千克	300	5	1 500	施工生产用

部门主管:　　　　　　保管员:　　　　　　领料人:

领料单

领料部门:101、102 项目　　　　2021 年 3 月 6 日　　　　　　　编号:08

材料编号	材料名称	计量单位	数　量	单价/元	金额/元	用　途
403	丙材料	千克	300	5	1 500	施工生产用

部门主管:　　　　　　保管员:　　　　　　领料人:

领料单

领料部门:供电车间　　　　2021 年 3 月 15 日　　　　编号:09

材料编号	材料名称	计量单位	数　量	单价/元	金额/元	用　途
405	戊材料	千克	100	5	500	施工生产用

部门主管:　　　　　　保管员:　　　　　　领料人:

领料单

领料部门:供水车间　　　　2021 年 3 月 15 日　　　　编号:10

材料编号	材料名称	计量单位	数　量	单价/元	金额/元	用　途
405	戊材料	千克	200	5	1 000	施工生产用

部门主管:　　　　　　保管员:　　　　　　领料人:

领料单

领料部门:项目部　　　　2021 年 3 月 17 日　　　　编号:11

材料编号	材料名称	计量单位	数　量	单价/元	金额/元	用　途
405	戊材料	千克	80	5	400	物料消耗

部门主管:　　　　　　保管员:　　　　　　领料人:

领料单

领料部门:管理部门　　　　2021 年 3 月 17 日　　　　编号:12

材料编号	材料名称	计量单位	数　量	单价/元	金额/元	用　途
405	戊材料	千克	60	5	300	修理用

部门主管:　　　　　　保管员:　　　　　　领料人:

要求:

(1) 根据各车间"领料单"上所列的金额及用途编制领料汇总表(见表 2-28)。

表 2-28　领料汇总表

年　　月　　日　　　　　　　　　　　　　　　　　　　　　　　　单位:元

材料种类	生 产 车 间			辅助生产车间		管理费用	合　计
	101 项目	102 项目	项目部	供水车间	供电车间		
甲材料							
乙材料							
丙材料							
丁材料							

续表

材料种类	生 产 车 间			辅助生产车间		管理费用	合 计
	101项目	102项目	项目部	供水车间	供电车间		
戊材料							
合计							

（2）根据计算分析结果编制原材料费用分配表（见表2-29）。

表2-29 原材料费用分配表

年　　　月　　　日　　　　　　　　　　　　　　　　　　　　　　　　　　　单位:元

会 计 科 目		成本费用项目	共同耗用材料	定额消耗量	分 配 率	分配费用
施工项目	101项目	原材料		200		
	102项目	原材料		300		
	小计					

（3）编制本月末原材料费用记账凭证（会计分录）。

（4）登记合同履约成本、间接费用、辅助生产成本明细账。

合同履约成本明细账

产品名称:101项目　　　　　　　　　　　　　　　　　　　　　　　　　　　　单位:元

2021年		凭 证 号	摘 要	成 本 项 目			合 计
月	日			直接材料费	直接人工费	其他	

合同履约成本明细账

产品名称:102项目　　　　　　　　　　　　　　　　　　　　　　　　　　　　单位:元

2021年		凭 证 号	摘 要	成 本 项 目			合 计
月	日			直接材料费	直接人工费	其他	

辅助生产成本明细账

辅助生产车间:供水车间   单位:元

2021年		凭 证 号	摘　　要	成 本 项 目			合　　计
月	日			直接材料费	直接人工费	制造费用	

辅助生产成本明细账

辅助生产车间:供电车间   单位:元

2021年		凭 证 号	摘　　要	成 本 项 目			合　　计
月	日			直接材料费	直接人工费	制造费用	

间接费用明细账

单位:元

2021年		摘　　要	借 方 合 计	借 方 项 目						
月	日			物料消耗	工资	福利费	折旧费	水电费	修理费	其他

2.采用计划成本法核算下述案例的材料费

某市第一建筑公司下属一、二工程处实施两级核算管理体制,现以第一工程处的施工工程为例,完成工程成本的核算过程。第二工程处本年度有丙、丁两处工程,当月第二工程处根据审核无误的各种领料凭证、大堆材料耗用分配等汇总编制的材料费分配见表2-30,请完成表格的计算、填写,并完成材料费相关的账务处理。

表 2-30　材料费分配表

单位:第二工程处　　　　　　　　　　××年6月　　　　　　　　　　单位:元

工程成本核算对象	主要材料							
	黑色金属		硅酸盐		其他主要材料		合计	
	计划成本	成本差异(1%)	计划成本	成本差异(2%)	计划成本	成本差异(1%)	计划成本	成本差异
丙工程	115 000		20 000		30 000			
丁工程	80 000		10 000		10 000			
合计								

结构件		其他材料		合计		
				计划成本	成本差异	
计划成本	成本差异(1%)	计划成本	成本差异(−1%)		超支	节支
75 000		2 000		260 000		
60 000		15 000		175 000		

【任务评价】

模块二　任务完成考核评价

项目名称	项目二　细算材料费	任务名称	任务二　掌握原材料收入及发出的核算
班级		学生姓名	
评价方式	评价内容	分值	成绩
自我评价	【训练2-5】完成情况		
	【训练2-6】完成情况		
	【训练2-7】完成情况		
	【训练2-8】完成情况		
	【训练2-9】完成情况		
	【训练2-10】完成情况		
	【训练2-11】完成情况		
	【训练2-12】完成情况		
	【训练2-13】完成情况		
	【任务实施】完成情况		
	合计		

评价方式	评价内容	分值	成绩
小组评价	本小组本次任务完成质量		
	个人本次任务完成质量		
	个人参与小组活动的态度		
	个人的合作精神与沟通能力		
	合计		
教师评价	个人所在小组的任务完成质量		
	个人本次任务完成质量		
	个人对所在小组的参与度		
	个人对本次任务的贡献度		
	合计		

总评＝自我评价×(　)％＋小组评价×(　)％＋教师评价×(　)％＝

任务三　掌握周转材料收入及发出的核算

【任务设定】

掌握施工企业周转材料收入及发出成本的核算,并重点掌握其摊销的账务处理。

一、周转材料定义

周转材料是指企业在施工生产过程中多次周转使用并基本保持其原有形态而其价值逐渐转移的各种材料。建筑施工企业的周转材料主要包括钢模板、木模板、脚手架及相关低值易耗品等。

细算材料费(三)
——实际成本法下的
三种发出计价方法
及材料费的分配方法

二、周转材料的摊销方法

为了反映和监督周转材料的增减变动及结存情况,施工企业应当设置"周转材料"账户。施工企业的周转材料符合存货定义和条件的,按照使用次数分次计入成本费用。涉及金额较小的周转材料,可在领用时一次计入成本费用。为加强实物管理,领用周转材料时应当在备查簿中进行登记,以便于对使用中的周转材料进行监督管理。

常见周转材料的摊销方法如下。

(一) 一次摊销法

一次摊销法指在领用周转材料时,将其全部价值一次计入工程成本或有关费用。一次摊销法适用于易腐、易糟或价值较低,使用期较短的周转材料,如安全网等。

（二）分期摊销法

分期摊销法是指根据周转材料的预计使用期限，将其价值分次摊入工程成本或有关费用。分期摊销法适用于使用期限较长、单位价值较高的周转材料，如钢模板、木模板等。周转材料每期摊销额计算公式如下。

周转材料每期摊销额＝周转材料计划成本×（1－残值率）/预计使用期限

【例题 2-20】　某施工企业购入一批钢模板，总价值为 100 000 元，预计使用期限为 5 年，预计残值为 10 000 元。请采用分期摊销法计算每月的摊销额。

首先，我们需要计算每年的摊销额。根据分期摊销法的计算公式，可以得出周转材料每期摊销额如下。

$$周转材料每期摊销额＝周转材料计划成本×（1－残值率）/预计使用期限$$
$$＝100\,000×（1－10\%）/（5×12）$$
$$＝100\,000×0.9/60$$
$$＝1\,500（元/月）$$

所以，每月的摊销额为 1 500 元。

（三）分次摊销法

分次摊销法是指根据周转材料预计使用次数、原值、预计残值确定每次摊销额，再根据本期使用次数确定本期应摊费用，将其价值计入工程成本或有关费用的方法。分次摊销法适用于预制钢筋混凝土构件的定型模板、模板、挡板及架料等周转材料。相关计算公式如下。

每次周转材料摊销额＝周转材料原价×（1－残值占原值的百分比）÷预计使用次数
本期摊销额＝每次摊销额×本期使用次数

【例题 2-21】　某施工企业购进一批定型模板，总价值为 50 000 元，预计使用次数为 10 次，预计残值为 5 000 元。采用分次摊销法计算每次和本期的摊销额。如果该模板本月使用 2 次，请计算本月应摊销的费用。

首先，计算每次的摊销额。根据分次摊销法的计算公式，可以得出每次周转材料摊销额。

$$每次周转材料摊销额＝周转材料原价×（1－残值占原值的百分比）÷预计使用次数$$
$$＝50\,000×（1－5\,000/50\,000）÷10$$
$$＝50\,000×0.9÷10$$
$$＝4\,500（元/次）$$

然后，计算本月的摊销额。根据本月使用次数和每次的摊销额，可以得出本月摊销额
$$本月摊销额＝每次摊销额×本月使用次数$$
$$＝4\,500×2$$
$$＝9\,000（元）$$

所以，本月应摊销的费用为 9 000 元。

（四）定额摊销法

定额摊销法是指根据每月实际完成的建筑安装工程量和预算定额规定的周转材料消耗定额计算各月应摊销的周转材料费的方法。定额摊销法适用于各类周转材料摊销价值的计算。某月应摊周转材料费计算公式如下。

某月应摊周转材料费=本月完成的实物工作量×单位工程量周转材料消耗定额
×周转材料摊销单价

【例题 2-22】 某施工企业某月完成的建筑工程实物工作量为 5 000 立方米，预算定额规定的周转材料消耗定额为每立方米消耗模板 2 平方米，模板的摊销单价为 10 元/平方米。请采用定额摊销法计算该月应摊销的模板费用。

根据定额摊销法的计算公式，该月应摊销的模板费用计算如下。

某月应摊周转材料费=本月完成的实物工作量×单位工程量周转材料消耗定额
×周转材料摊销单价
= 5 000×2×10
=100 000（元）

所以，该月应摊销的模板费用为 100 000 元。

（五）五五摊销法

五五摊销法是指在领用低值易耗品时，摊销其价值的 50%，报废时再摊销 50% 的一种方法。这种方法适用于价值较低、使用期较短、一次领用数量不多的周转材料。相关计算公式如下。

某月应摊周转材料费=周转材料计划成本×50%
报废时摊销额=周转材料计划成本×50%

【例题 2-23】 某施工企业领用一批价值为 2 000 元的脚手架，采用五五摊销法计算摊销费用。

首先，在领用脚手架时，摊销其价值的 50%，计算如下。

某月应摊周转材料费=周转材料计划成本×50%= 2 000×50%=1 000（元）

当脚手架报废时，再摊销剩余的 50% 的价值，计算如下。

报废时摊销额=周转材料计划成本×50%=2 000×50%=1 000（元）

施工企业应根据周转材料的特性、价值和使用期限等因素，选择适当的摊销方法，以准确反映其成本和费用。同时，施工企业还应加强周转材料的管理和核算，确保账实相符，为企业的财务管理和决策提供准确的数据支持。

三、周转材料的账务处理

在采用多次摊销法的情况下，企业需要单独设置"周转材料—在库""周转材料—在用""周转材料—摊销"等明细科目分别表示周转材料的入库、领用和每次使用价值的摊销。其中，"周转材料—摊销"明细科目为"周转材料—在用"明细科目的备抵科目，核算使用中周转材料的累计摊销额。

【**例题 2-24**】　某施工企业有一套钢模板,采用实际成本核算,实际成本为 202 000 元,估计使用次数为 5 次,预计净残值为 2 000 元,采用分次摊销法进行摊销。该施工企业编制的会计分录如下。

(1) 领用钢模板时。

借:周转材料—在用(钢模板)　　　　　202 000

　　贷:周转材料—在库(钢模板)　　　　　202 000

(2) 第一次摊销其价值减去预计净残值后余额的 1/5。

借:合同履约成本—间接费用　　　　　40 000

　　贷:周转材料—摊销(钢模板)　　　　　40 000

(3) 第二次至第五次分别摊销其价值减去预计净残值后余额的 1/5。

借:合同履约成本—间接费用　　　　　40 000

　　贷:周转材料—摊销(钢模板)　　　　　40 000

(4) 钢模板报废后应补提摊销额,同时将残料入库。

借:合同履约成本—间接费用　　　　　2 000

　　贷:周转材料—摊销(钢模板)　　　　　2 000

借:原材料—其他材料　　　　　2 000

　　贷:合同履约成本—间接费用　　　　　2 000

(5) 最后注销在用钢模板。

借:周转材料—摊销(钢模板)　　　　　202 000

　　贷:周转材料—在用(钢模板)　　　　　202 000

在本例中,由于采用实际成本核算,需要注意如下事项。

①在领用钢模板时,应在"周转材料"账户中进行结转,由"在库"转为"在用"。

②在最后一次摊销钢模板时,由于已经全部摊销完毕,因此需要将"周转材料"明细科目中的"摊销"明细科目的贷方余额与"在用"明细科目的借方余额进行相互抵销,从而结平"周转材料"科目的余额。

【**任务实施**】

某施工企业是增值税一般纳税人,2023 年发生以下经济业务。

(1) 3 月 10 日采购模板一批,总成本 60 000 元,采用实际成本核算法核算,款用银行存款支付,已入库。

(2) 4 月 1 日工程施工领用模板 20 000 元(10 个月分期摊销,5％残值)。

(3) 月末摊销模板成本。

(4) 模板使用 10 个月后报废,收回的模板作残料 1 000 元入库。

(5) 注销在用的模板。

要求:请完成周转材料入库、领用、摊销、注销的账务处理。

【任务评价】

<table>
<tr><td colspan="5" align="center">模块二　任务完成考核评价</td></tr>
<tr><td>项目名称</td><td colspan="2" align="center">项目二　细算材料费</td><td>任务名称</td><td>任务三　掌握周转材料收入及
发出的核算</td></tr>
<tr><td>班级</td><td colspan="2"></td><td>学生姓名</td><td></td></tr>
<tr><td>评价方式</td><td colspan="2" align="center">评价内容</td><td>分值</td><td>成绩</td></tr>
<tr><td rowspan="2">自我评价</td><td colspan="2" align="center">【任务实施】完成情况</td><td></td><td></td></tr>
<tr><td colspan="2" align="center">合计</td><td></td><td></td></tr>
<tr><td rowspan="5">小组评价</td><td colspan="2" align="center">本小组本次任务完成质量</td><td></td><td></td></tr>
<tr><td colspan="2" align="center">个人本次任务完成质量</td><td></td><td></td></tr>
<tr><td colspan="2" align="center">个人参与小组活动的态度</td><td></td><td></td></tr>
<tr><td colspan="2" align="center">个人的合作精神与沟通能力</td><td></td><td></td></tr>
<tr><td colspan="2" align="center">合计</td><td></td><td></td></tr>
<tr><td rowspan="5">教师评价</td><td colspan="2" align="center">个人所在小组的任务完成质量</td><td></td><td></td></tr>
<tr><td colspan="2" align="center">个人本次任务完成质量</td><td></td><td></td></tr>
<tr><td colspan="2" align="center">个人对所在小组的参与度</td><td></td><td></td></tr>
<tr><td colspan="2" align="center">个人对本次任务的贡献度</td><td></td><td></td></tr>
<tr><td colspan="2" align="center">合计</td><td></td><td></td></tr>
<tr><td colspan="5">总评＝自我评价×(　)％＋小组评价×(　)％＋教师评价×(　)％＝</td></tr>
</table>

项目三　准算机械费

任务一　掌握机械费的归集

【任务设定】

掌握和熟悉机械费的核算内容，能够完成机械费的归集程序和账务处理。

一、工程成本中机械费的内容

工程成本中的机械费是指施工过程中使用自有施工机械所发生的机械使用费、使用外单位施工机械的租赁费及按照规定支付的施工机械进出场费等，包括施工过程中使用机械所发生的人工费、燃料及动力费、折旧及修理费、其他直接费、间接费用。

机械费的
归集与分配

（一）人工费

使用机械所发生的人工费是指操作机械所必需的司机、机械维修和保养人员的工资、津贴、补贴等费用，如驾驶和操作机械人员的薪酬。

（二）燃料及动力费

使用机械所发生的燃料及动力费指机械在运转或施工作业中所耗用的企业自制或外购的固体燃料（煤炭、木材）、液体燃料（汽油、柴油）、电力、水和风力等费用。

（三）折旧及修理费

使用机械所发生的折旧及修理费是指施工机械在规定的使用年限内，陆续收回其原值及购置资金的时间价值，以及施工机械按规定的大修理间隔台班进行必要的大修理，以恢复其正常功能所需的费用，如计提的折旧、发生的修理费、工具使用费。

（四）其他直接费

使用机械所发生的其他直接费是指施工机械、运输设备耗用的润滑材料、擦拭材料的费用，运输装卸费（机械运到施工现场、远离施工现场和在施工现场范围内转移的运输、安装、拆卸及试车等费用），辅助实施费（为使用机械、设备而建造、铺设的基础、底座、工作台、行走轨道等费用），养路费，牌照税等。

（五）间接费用

使用机械所发生的间接费用是指机械作业单位为组织机械施工、运输作业和管理机械设备所发生的各项费用等(停机棚的折旧维修费,运输人员途中住宿,机械站、运输队发生的管理费用,如机械管理人员工资)。

二、机械费的归集

(一)租用外单位(包括内部独立核算机械作业单位)的施工机械

租用外单位的施工机械或从公司内部单位租赁的施工机械所支付的租赁费,应根据机械管理部门提供的"机械设备结算单"所列金额,直接计入工程成本。设置"合同履约成本—××(机械使用费)"账户,该账户借方登记发生的合同履约成本,贷方登记减少的合同履约成本。该账户期末借方余额,反映企业尚未结转的合同履约成本。

(二)使用本单位自有施工机械和运输设备

为了反映和监督企业自有施工机械费的支出与汇总分配的经济业务,应设置"机械作业"账户。"机械作业"账户的借方登记使用自有施工机械实际发生的各项费用,贷方登记分配计入各建筑产品成本对象的机械使用费。该账户期末应无余额。

使用自有机械或运输设备进行机械作业所发生的各项费用,其作业成本先通过"机械作业"账户核算,期末再按一定的方法分配。

1. 机械作业的二级明细科目设置

"机械作业"账户分设"机械作业—承包工程""机械作业—机械出租"和"机械作业—间接费用"三个明细账,明细账中按成本项目或费用设立专栏,进行明细核算。

(1)"机械作业—承包工程"明细账。

核算企业及其内部独立核算的施工单位、机械站和运输队为本单位承包工程进行的机械作业的成本,在月末应将发生的成本分配转入"合同履约成本"账户。

(2)"机械作业—机械出租"明细账。

核算通过租赁方式承担的机械作业成本以及为企业承担专项工程的机械作业成本,在月末应将发生的成本分配转入"其他业务成本"账户。

(3)"机械作业—间接费用"明细账。

发生的各项作业间接费用,可先在"机械作业—间接费用"明细账及相关费用项目反映,月末再按一定方法分配计入各成本受益对象的"间接费用"项目。

月末时,先分配"机械作业—间接费用"到"承包工程""机械出租",再将"承包工程"的成本分配到"合同履约成本"中去。

2. 机械作业的三级明细科目设置

机械作业成本对象一般应以施工机械或运输设备的种类来确定,如大型机械设备以单机或机组设置机械作业成本对象、小型机械设备可以类别设置机械作业成本对象。

大型施工机械:可按单机设置明细账,如盾构机、挖掘机等。

小型施工机械:可按类别设置明细账,如施工机械、运输设备等,如果类别比较单一的,不设置也可以。

3. 机械作业的辅助项目设置

机械作业的辅助项目可设置人工费、燃料及动力费、折旧及修理费、其他直接费、间接费用等,其中间接费用的辅助核算项目可视情况而设置。

【任务实施】

振兴建筑有限公司的机械站根据租赁合同承担了一项机械施工的任务,本月发生以下费用。

(1)应付机上操作人员工资4 500元、福利费630元,机械设备管理人员的工资2 600元、福利费364元。

(2)机上领用燃料计划成本1 200元,擦拭材料计划成本1 000元,停机坪修理用料计划成本300元,本月材料成本差异率为-1.5%。

(3)用银行存款支付机械拆卸费用500元。

(4)机械折旧费2 800元和停机坪的折旧费1 300元。

(5)应付动力费1 050元。

完成以下任务:

1. 按以下类别完成机械费分类。

单位:元

人工费	燃料及动力费	折旧及修理费	其他直接费	间接费用

2. 完成本月成本归集的会计分录的编制。

3. 完成本月成本差异的调整。

【任务评价】

模块二　任务完成考核评价				
项目名称	项目三　准算机械费		任务名称	任务一　掌握机械费的归集
班级			学生姓名	
评价方式	评价内容		分值	成绩
自我评价	【任务实施】完成情况			
	合计			

评价方式	评价内容	分值	成绩
小组评价	本小组本次任务完成质量		
	个人本次任务完成质量		
	个人参与小组活动的态度		
	个人的合作精神与沟通能力		
	合计		
教师评价	个人所在小组的任务完成质量		
	个人本次任务完成质量		
	个人对所在小组的参与度		
	个人对本次任务的贡献度		
	合计		

总评＝自我评价×（　）％＋小组评价×（　）％＋教师评价×（　）％＝

任务二　掌握机械费的分配

【任务设定】

熟悉机械费的分配方法，了解各种机械费分配方法的适用范围，能够对机械费进行合理分配。

在机械作业过程中发生的各项成本费用，期末应转入受益对象，以便能够正确反映和考核受益对象的成本。如果存在两个以上的受益对象，则要按照一定的方法进行费用的分配。机械作业成本的分配方法一般有台班分配法、产量分配法和工料成本分配法。

一、台班分配法

台班分配法是根据某种机械、设备每台班实际成本与各受益对象使用该种机械的台班数量，计算该种机械应负担的费用的一种机械作业成本的分配方法。

台班分配法适用于以单机或机组为成本核算对象的成本分配。

相关计算公式如下。

分配率＝该种机械作业成本合计÷该种机械作业台班数

某受益对象应分配某种机械作业成本＝该受益对象使用该种机械作业台班数×分配率

【例题2-25】　某建筑公司有一台挖掘机，在一个月内共工作了150个台班，A工程使用70台班，B工程使用80台班。这台挖掘机在这个月内共发生了以下费用：驾驶人员的工资和福利费20 000元，燃料费用15 000元，维护和修理费用10 000元，折旧费用30 000

元。请使用台班分配法完成本月机械费分配。

$$总费用＝20\ 000＋15\ 000＋10\ 000＋30\ 000＝75\ 000(元)$$

$$分配率＝总费用/总台班数＝75\ 000/150＝500(元/台班)$$

$$A\ 工程分配到的机械费＝500×70＝35\ 000(元)$$

$$B\ 工程分配到的机械费＝75\ 000－35\ 000＝40\ 000(元)$$

【训练 2-14】　某挖掘机本月使用台班数为 20 台,其中,A 工程使用 12 台班,B 工程使用 8 台班,共计发生成本 16 206.50 元。请使用台班分配法计算应分配给 A 工程和 B 工程的挖掘机作业成本。

分配率 ＝

A 工程应分配挖掘机作业成本＝

B 工程应分配挖掘机作业成本＝

二、产量分配法

产量分配法是根据某种机械、设备单位产量实际成本与各受益对象使用该种机械完成的产量,计算该种机械应负担的费用的一种机械作业成本的分配方法。

产量分配法适用于以单机或机组为成本核算对象的成本分配,如大型挖掘机、搅拌机等。

相关计算公式如下。

$$分配率＝该种机械作业成本合计÷该种机械实际完成产量$$

$$某受益对象应分配某种机械作业成本＝该受益对象使用该种机械完成的产量×分配率$$

【例题 2-26】　某建筑公司有一台挖掘机,本月共完成了 1 000 立方米的土方挖掘任务,其中 A 工程使用这台挖掘机完成了 600 立方米的土方挖掘,B 工程使用这台挖掘机完成了 400 立方米的土方挖掘。这台挖掘机在这个月内共发生了以下费用:驾驶人员的工资和福利费 20 000 元,燃料费用 15 000 元,维护和修理费用 10 000 元,折旧费用 30 000 元。请使用产量分配法完成本月机械费分配。

$$总费用＝20\ 000＋15\ 000＋10\ 000＋30\ 000＝75\ 000(元)$$

$$分配率＝总费用/总完成产量＝75\ 000/1\ 000＝75(元/立方米)$$

$$A\ 工程分配到的机械费＝75×600＝45\ 000(元)$$

$$B\ 工程分配到的机械费＝75×400＝30\ 000(元)$$

【训练 2-15】　挖掘机本月发生成本 16 206.50 元,本月完成挖土方 4 000 立方米,其中,A 工程 2 400 立方米,B 工程 1 600 立方米。要求使用产量分配法分配机械作业费用,编制相应机械作业费用分配表。

分配率＝

A 工程应分配挖掘机作业成本＝

B 工程应分配挖掘机作业成本＝

将计算结果填入下方机械作业费用分配表。

机械作业费用分配表

分配对象	分配标准	分配率	分配金额/元

三、工料成本分配法

工料成本分配法是以使用机械、设备的受益对象的人工费、材料费为分配标准，计算和分配该受益对象应负担的该种机械的费用的一种机械作业成本的分配方法。

工料成本分配法适用于以机械类别为成本核算对象的成本分配，如打夯机、机动翻斗车等，在工程中使用比较频繁。

相关计算公式如下。

分配率＝该种机械作业成本合计÷使用该类机械的各受益对象的工料成本之和

某受益对象应分配某种机械作业成本＝该受益对象工料成本×分配率

【例题 2-27】 某建筑公司拥有一台打夯机，本月共发生以下费用：驾驶人员的工资和福利费 18 000 元，燃料费用 12 000 元，维护和修理费用 9 000 元，折旧费用 21 000 元。本月共有 A、B 两个工程使用了这台打夯机，A 工程的工料成本为 80 000 元，B 工程的工料成本为 60 000 元。请使用工料成本分配法完成本月机械费分配。

总费用＝18 000＋12 000＋9 000＋21 000＝60 000（元）

分配率＝总费用/（A 工程工料成本＋ B 工程工料成本）

＝60 000/（80 000＋60 000）＝0.428 6

A 工程应分配打夯机作业成本＝A 工程工料成本 × 分配率

＝ 80 000×0.428 6＝ 34 288（元）

B 工程应分配打夯机作业成本＝B 工程工料成本 × 分配率

＝ 60 000×0.428 6＝ 25 716（元）

【训练 2-16】 本月为甲、乙两项工程提供运输的总成本为 200 000 元。根据账簿记录：甲工程工料费为 460 000 元、乙工程工料费 340 000 元。要求：列式分配机械作业成本，并作分配的会计分录。

机械使用费分配率＝

相关受益对象应担费用：

甲工程负担的机械使用费＝

乙工程负担的机械使用费＝

会计分录：

【任务实施】

承接本模块项目三任务一的【任务实施】,完成以下任务。

(1)根据有关记账凭证登记下方机械作业明细账,并结账。

机械作业明细账

明细账户:　　　　　　　　　　　　　　　　　核算对象:

年		凭证号数	摘要	成本项目					合计
月	日			人工费	燃料及动力费	折旧及修理费	其他直接费	间接费用	

(2)按施工记录统计,发生了25个工作台班(101项目使用10台,102项目使用15台),计算台班的实际单位成本,同时结转本月发生的各项费用。

【任务评价】

模块二　任务完成考核评价

项目名称	项目三　准算机械费		任务名称	任务二　掌握机械费的分配
班级			学生姓名	
评价方式	评价内容		分值	成绩
自我评价	【训练2-14】完成情况			
	【训练2-15】完成情况			
	【训练2-16】完成情况			
	【任务实施】完成情况			
	合计			

评价方式	评价内容	分值	成绩
小组评价	本小组本次任务完成质量		
	个人本次任务完成质量		
	个人参与小组活动的态度		
	个人的合作精神与沟通能力		
	合计		
教师评价	个人所在小组的任务完成质量		
	个人本次任务完成质量		
	个人对所在小组的参与度		
	个人对本次任务的贡献度		
	合计		

总评＝自我评价×（　）％＋小组评价×（　）％＋教师评价×（　）％＝

项目四　巧算其他直接费与间接费用

任务一　掌握其他直接费的核算

巧算其他直接费
与间接费

【任务设定】

掌握其他直接费的核算内容,能够选择合适的方法完成其他直接费的分配,能够进行其他直接费的账务处理。

一、工程成本中其他直接费的含义和内容

(一)其他直接费的含义

其他直接费是指施工过程中发生的材料搬运费、材料装卸保管费、燃料动力费、临时设施摊销、生产工具用具使用费、检验试验费、工程定位复测费、工程点交费、场地清理费,以及能够单独区分和可靠计量的为订立建造承包合同而发生的差旅费、投标费等费用。

(二)其他直接费的主要内容

其他直接费是指在施工过程中直接发生的、但未包括在人工费、材料费、机械使用费项目中的其他费用。主要内容如下。

(1)冬雨季施工增加费。

(2)夜间施工增加费。

(3)材料、成品、半成品的二次或多次搬运费。

(4)检验试验费。

(5)生产工具用具使用费。

(6)特殊工种培训费。

(7)工程定位复测、工程点交和场地清理费。

(8)工程预算包干费。

(9)技术援助费。

(10)施工现场直接耗用的水电费等。

二、其他直接费核算的账户设置

发生费用时能够分清受益对象的,在费用发生时直接计入受益对象的成本。

发生费用时不能分清受益对象的,由公司财务部门按照一定的分配标准计入受益对象的成本。

场地清理、材料二次倒运等发生的人工费、机械使用费、材料费难以和成本中的其他项目区分的,可以将这些费用与"人工费""材料费""机械使用费"等项目合并核算。

其他直接费在发生时不能直接确定具体成本核算对象的,应先通过"合同履约成本—其他直接费"明细账户核算,期末时根据具体情况进行分配。

其他直接费发生的会计分录如下。

借:合同履约成本—其他直接费

　　贷:原材料

　　　　应付职工薪酬

　　　　银行存款等科目

【训练 2-17】　某月,甲公司某项目部因隧道施工场地狭窄,水泥需要二次搬运,发生搬运费 5 000 元;大桥混凝土试件发生试验费 2 000 元,以银行存款支付。编制其他直接费核算的相关会计分录。

三、其他直接费的分配

其他直接费在发生时不能直接确定具体成本核算对象的,应先通过"合同履约成本—其他直接费"明细账户核算,期末时根据具体情况,可以采取以下方法进行分配。

(一)生产工日分配法

生产工日分配法一般适用于其他直接费发生额的大小与生产工日的多少成正比例的项目,如生产工具用具使用费、特殊工种培训费等。

相关计算公式如下。

其他直接费分配率＝其他直接费发生额/各成本核算对象生产工日之和

某成本核算对象应分配的其他直接费＝该成本核算对象生产工日数×其他直接费分配率

(二)工料成本分配法

工料成本分配法是指以各成本核算对象已发生,并登记在工程成本明细账的人工费、材料费、合计金额为基础分配其他直接费的一种方法。工料成本分配法适用于与各成本核算对象生产的工日关系不大的其他直接费的分配,如材料等的二次搬运费、检验试验费、工程定位复测费、工程点交和场地清理费等。

相关计算公式如下。

其他直接费分配率＝其他直接费发生额/各成本核算对象工料成本之和

某成本核算对象应分配的其他直接费＝该成本核算对象工料成本×其他直接费分配率

(三) 预算成本分配法

预算成本分配法是指以其他直接费预算成本或其他直接费单项预算成本为基础分配其他直接费的一种方法。预算成本分配法适用于与生产工日或工料成本关系不大的其他直接费项目的分配,如冬雨期施工增加费、夜间施工增加费等。

相关计算公式如下。

其他直接费分配率＝其他直接费发生额/各成本核算对象其他直接费预算成本之和

某成本核算对象应分配的其他直接费＝该成本核算对象其他直接费预算成本数
×其他直接费分配率

其他直接费的分配应通过编制其他直接费分配表(见表 2-31)进行。

表 2-31　其他直接费分配表

项　　目	分配基数	分配率/（％）	101 项目		102 项目		103 项目		104 项目		合　　计
			基数	金额/元	基数	金额/元	基数	金额/元	基数	金额/元	
1.冬雨期施工增加费											
2.生产工具用具使用费											
……											
合计											

【任务实施】

振兴建筑有限公司中标某高速公路 F 合同段。该工程项目包括桥梁、隧道和路基的施工。公司为组织施工建立高速公路项目经理部作为项目管理机构,该项目部设路基施工队、隧道施工队、桥梁施工队。按工程项目设置路基、隧道、桥梁三个核算对象进行明细核算。该项目部本月发生以下费用:支付施工机构调遣费 200 000 元,路基工程定位复测费 100 000 元,桥梁试验检验费 200 000 元,隧道施工发生材料二次倒运费 100 000 元。要求编制有关会计分录。

【任务评价】

模块二　任务完成考核评价

项目名称	项目四　巧算其他直接费与间接费用		任务名称	任务一　掌握其他直接费的核算
班级			学生姓名	
评价方式	评价内容		分值	成绩
自我评价	【训练 2-17】完成情况			
	【任务实施】完成情况			
	合计			

评价方式	评价内容	分值	成绩
小组评价	本小组本次任务完成质量		
	个人本次任务完成质量		
	个人参与小组活动的态度		
	个人的合作精神与沟通能力		
	合计		
教师评价	个人所在小组的任务完成质量		
	个人本次任务完成质量		
	个人对所在小组的参与度		
	个人对本次任务的贡献度		
	合计		

总评＝自我评价×（　）％＋小组评价×（　）％＋教师评价×（　）％＝

任务二　掌握间接费用的核算

【任务设定】

掌握间接费用的核算内容,能够选择合适的方法完成间接费用的分配,能够进行间接费用的账务处理。

一、施工间接费用的含义和内容

施工间接费用是指施工企业下属的施工单位或生产单位为组织和管理施工生产活动所发生的费用。这里所说的施工单位是指建筑安装企业的工程处、分公司、工区、施工队、项目经理部等,生产单位是指船舶企业的现场管理机构,飞机、大型机械设备制造企业的生产车间等。施工间接费用主要包括如下款项。

(一) 管理人员工资

管理人员工资包括管理人员工资、社会保险费、住房公积金、办公室租金、办公室日常费用等。

(二) 固定资产使用费

固定资产使用费指施工单位管理用固定资产计提的折旧费及实际发生的修理费、租赁费等。

（三）物料消耗

物料消耗指施工过程中领用的、不能明确其工程归属的零星材料等。

（四）低值易耗品使用费

低值易耗品使用费指施工单位行政管理使用的各种工器具、家具和检验、试验、消防、测绘用具的购置、维修和摊销费。

（五）办公费

办公费指施工单位行政管理办公室所使用的各类办公用品和专业书籍等费用。

（六）水电费

水电费指施工单位行政管理所耗用的水电费用。

（七）差旅交通费

差旅交通费指施工单位职工因公出差所发生的差旅费、补助费等。

（八）保险费

保险费指施工单位支付给保险公司的各种保险费用，包括施工单位为施工人员及施工机具购买的职业病险、补充医疗险、财产保险等。

（九）劳动保护费

劳动保护费指施工单位为管理人员提供的防暑饮料、洗涤用肥皂等的购置费，以及职工在工地洗澡、饮水的燃料费等。

（十）工程保修费

工程保修费指工程在竣工交付使用后，在保修期间发生的各项保修费用。

（十一）其他必要的开支

其他必要的开支包括定额测定费、预算编制费、清洁卫生费等。

施工间接费用是指为了工程施工而发生的各项共同性耗费，因而发生后不能直接计入某项工程成本中去，必须先行归集，然后采用一定的方法分配计入受益的工程成本中去。

二、施工间接费用的归集

（一）间接费用核算的账户设置

为反映和监督施工单位在一定时期内施工间接费用的发生和分配情况，在会计核算时需设置"合同履约成本—间接费用"明细账户。该账户借方登记实际发生的各项间接费用；贷方登记月终分配计入各受益对象的间接费用，该明细账户月末无余额。

为了满足成本管理的需要，"合同履约成本—间接费用"明细账户应按施工单位分别设置明细账，并在账内按费用项目开设专栏，进行明细分类核算。

（二）间接费用的归集

施工企业发生的各项间接费用，归集时可按其记账依据的不同，采用以下两种方法归集。

（1）一般费用发生时，直接根据开支凭证或者编制的其他费用分配表，计入"合同履约成本—间接费用"账户及其明细账中去，如办公费、差旅交通费、保险费等；

（2）工资、材料、折旧等费用，应在月终时根据汇总编制的各种费用分配表，计入"合同履约成本—间接费用"账户及其明细账中去。

间接费用归集的会计分录如下。

借：合同履约成本—间接费用
　　贷：库存现金
　　　　银行存款
　　　　应付职工薪酬
　　　　累计折旧
　　　　原材料
　　　　其他应收款等科目

三、施工间接费用的分配

建筑安装工程成本中除各项直接费外，还包括企业所属各施工单位（如工程处、施工队、项目经理部）为施工准备、组织和管理施工生产所发生的各项费用。这些费用不能够确定为某项工程所应负担，因而无法直接计入各个成本计算对象。为了简化核算手续，可将其先计入"合同履约成本—间接费用"，然后按照适当分配标准，将其计入各项工程成本。

施工间接费用按其发生的月份、地点和规定的明细项目，通过"合同履约成本—间接费用"明细账户归集后，即为施工间接成本总额，月终时应在各成本核算对象之间进行分配，由各施工单位当期所施工的全部工程来负担。

例如，某施工单位当期只进行一项工程的施工，其归集的施工间接成本可直接计入该项工程成本中去，不存在于各项工程之间进行分配的问题。但在同一时期进行多项工程施工的施工单位，归集的施工间接成本则应按适当的标准分配计入各工程项目的成本中去。

间接费用的分配方法主要有人工费用比例法、直接费用比例法、二次分配法等。

（一）人工费用比例法

人工费用比例法是以各合同实际发生的人工费为基数进行间接费用分配的一种方法，一般用于机械及电气设备安装工程，管道安装工程，人工施工的大型土石方工程，装饰工程和提供产品、劳务、作业等服务的施工间接费用分配。相关计算公式如下。

分配率＝当期发生的全部间接费用/当期各合同发生的人工费之和

某合同应负担的间接费用＝该合同实际发生的人工费×分配率

【训练2-18】某工程公司同时承建甲、乙、丙三项安装合同工程，甲合同发生的人工费80万元，乙合同发生的人工费100万元，丙合同发生的人工费120万元。该工程公司当期共发生间接费用50万元。

间接费用分配率 ＝

甲合同应负担的间接费用＝

乙合同应负担的间接费用＝

丙合同应负担的间接费用＝

期末将间接费用分配计入各合同成本的会计分录：

借：合同履约成本—甲工程＿＿＿＿＿＿＿＿

　　　　　　—乙工程＿＿＿＿＿＿＿＿

　　　　　　—丙工程＿＿＿＿＿＿＿＿

　　贷：合同履约成本—间接费用＿＿＿＿＿＿＿＿

(二)直接费用比例法

直接费用比例法是以各成本对象发生的直接费用为基数进行间接费用分配的一种方法，一般用于建筑工程，市政工程机械化施工的大型土石方工程和提供产品、劳务、作业等服务的施工间接费用分配。相关计算公式如下。

分配率＝当期发生的全部间接费用/当期各合同发生的直接费用之和

某合同应负担的间接费用＝该合同当期实际发生的直接费用×分配率

【训练 2-19】 某施工单位本月同时进行道路、桥梁两合同项目的施工，本月共发生施工间接费用 81 502 元，道路项目本月发生的直接费成本为 210 000 元，桥梁项目本月发生的直接费成本为 78 540 元。计算各项目应负担的施工间接费用，并填写间接费用分配表，并完成会计分录。

间接费用分配率 ＝

道路项目应分配的间接费用＝

桥梁项目应分配的间接费用＝

将计算结果填入下方间接费用分配表。

间接费用分配表

分 配 对 象	分 配 标 准	分 配 率	分配金额/元

会计分录：

(三) 二次分配法

如果一个施工单位同一时期既进行建筑工程施工又进行安装工程施工，则间接费用的分配应分成两步。

首先，以人工费成本为标准，在各类工程之间进行施工间接费用的分配，相关计算公式如下。

施工间接费用分配率＝施工间接费用总额/各类工程人工费成本之和

某类工程施工间接费用的分配额＝该类工程的人工费成本×施工间接费用分配率

各类工程之间分配完成后,再在同一类的各个工程之间进行分配,其分配步骤同人工费用比例法和直接费用比例法。

施工间接费用分配可通过编制施工间接费用分配表(见表 2-32),在各成本核算对象之间进行分配。

表 2-32　施工间接费用分配表
20××年×月

受益对象	一次分配基础	分配率	分配金额/元	受益对象	二次分配基础	分配率	分配金额/元	合　计
建筑工程				甲工程				
				乙工程				
安装工程				A 工程				
				B 工程				
合计								

【任务实施】

2022 年 12 月,某公司受县政府委托承担某乡村振兴项目,项目涵盖道路工程和码头工程两项施工任务。本月发生管理人员工资 4 000 元、辅料 15 000 元、管理人员办公费 300 元、管理部门水电费 7 000 元、设备折旧费 2 700 元、管理人员福利费 1 400 元,以上费用为道路工程和码头工程共同使用所产生,无法直接分配给道路工程和码头工程。

要求:

(1)计算施工间接费用总额。

(2)已知道路工程直接费用金额为 229 327.6 元,码头工程直接费用金额为 234 952.7元,采用直接费用比例法对间接费用进行分配,完成间接费用分配表(见表 2-33)的填写。

表 2-33　间接费用分配表

工程项目	分配标准	分配率	分配金额/元
合计			

（3）编制分配间接费用的会计分录。

【任务评价】

<table>
<tr><td colspan="5">模块二　任务完成考核评价</td></tr>
<tr><td>项目名称</td><td>项目四　巧算其他直接费与间接费用</td><td>任务名称</td><td colspan="2">任务二　掌握间接费用的核算</td></tr>
<tr><td>班级</td><td></td><td>学生姓名</td><td colspan="2"></td></tr>
<tr><td>评价方式</td><td>评价内容</td><td>分值</td><td colspan="2">成绩</td></tr>
<tr><td rowspan="4">自我评价</td><td>【训练2-18】完成情况</td><td></td><td colspan="2"></td></tr>
<tr><td>【训练2-19】完成情况</td><td></td><td colspan="2"></td></tr>
<tr><td>【任务实施】完成情况</td><td></td><td colspan="2"></td></tr>
<tr><td>合计</td><td></td><td colspan="2"></td></tr>
<tr><td rowspan="5">小组评价</td><td>本小组本次任务完成质量</td><td></td><td></td><td rowspan="5"></td></tr>
<tr><td>个人本次任务完成质量</td><td></td><td></td></tr>
<tr><td>个人参与小组活动的态度</td><td></td><td></td></tr>
<tr><td>个人的合作精神与沟通能力</td><td></td><td></td></tr>
<tr><td>合计</td><td></td><td></td></tr>
<tr><td rowspan="5">教师评价</td><td>个人所在小组的任务完成质量</td><td></td><td></td><td rowspan="5"></td></tr>
<tr><td>个人本次任务完成质量</td><td></td><td></td></tr>
<tr><td>个人对所在小组的参与度</td><td></td><td></td></tr>
<tr><td>个人对本次任务的贡献度</td><td></td><td></td></tr>
<tr><td>合计</td><td></td><td></td></tr>
<tr><td colspan="5">总评＝自我评价×（　）％＋小组评价×（　）％＋教师评价×（　）％＝</td></tr>
</table>

项目五　项目综合实训

任务一　振兴建筑有限公司工程成本核算案例分析

【案例背景】

振兴建筑有限公司受都安县政府委托承担了某少数民族自治县道路工程(200千米,合同收入930万元)和码头工程(980.78平方米,合同收入1 100万元)施工任务,工期5个月。2022年2月1日开始施工,截至2022年5月31日(累计4个月),工程开工累计实际成本资料如表2-34所示。

表 2-34　工程开工累计实际成本资料　　　　　　　　　单位:元

工程开工 累计实际成本	人工费	材料费	机械 使用费	其他 直接费	间接费用	合　　计
道路工程开工 累计实际成本	499 079.20	4 210 000.00	305 482.46	131 396.19	435 363.80	5 581 321.65
码头工程开工 累计实际成本	644 092.61	4 307 000.00	352 343.10	232 337.49	614 257.26	6 150 030.46
合　计	1 143 171.81	8 517 000.00	657 825.56	363 733.68	1 049 621.06	11 731 352.11

2022年6月发生下列经济业务。

(一)人工费的归集

要求:根据下述资料,填写人工费分配表(见表2-35)和职工薪酬计提表(见表2-36),并作出有关建造合同成本的会计处理。

(1)本月发生的施工项目管理人员工资61 000元,生产人员的计件工资356 000元(其中道路工程人员计件工资220 000元,码头工程人员计件工资136 000元)。

会计分录1:归集施工项目管理人员工资和生产工人计件工资。

（2）分配发生的施工生产人员的计时工资 360 000 元,当月实际耗费工日数 6 000 工日,其中道路工程耗费 3 200 工日,码头工程耗费 2 800 工日。

表 2-35 人工费分配表

编制单位:振兴建筑有限公司　　　　　　　　　2022 年 6 月 30 日

工程项目	实耗工日(分配标准)	日平均工资(分配率)/元	分配工资金额/元
道路工程			
码头工程			
合计			

财务主管:　　　复核:　　　记账:　　　制表:

会计分录 2:归集施工项目人员计时工资。

（3）根据公司所在地规定,按职工工资总额 25% 计提各种社会保险费、10.5% 计提住房公积金;依据国家规定,依据职工工资总额 2% 计提工会经费、1.5% 计提职工教育经费;依据税法规定,按职工工资总额 14% 计提职工福利费。

会计分录 3:归集施工项目人员职工薪酬(提示:先做计提表再写分录)。

表 2-36 职工薪酬计提表

编制单位:振兴建筑有限公司　　　2022 年 6 月 30 日　　　　　　　单位:元

核 算 对 象		工资金额	社会保险费(25%)	住房公积金(10.5%)	工会经费(2%)	职工教育经费(1.5%)	职工福利费(14%)	合计
道路工程	1.计件工资							
	2.计时工资							
	小计							
码头工程	1.计件工资							
	2.计时工资							
	小计							
间接费用								
合计								

财务主管:　　　复核:　　　记账:　　　制表:

（二）材料费的归集(实际成本核算法)

要求:根据下述资料,作出有关建造合同成本的会计处理。

(1) 领用主要材料 3 646 000 元,其中道路工程耗用 1 466 000 元,码头工程耗用 2 180 000元。

会计分录 4:领用材料。

(2) 摊销模板、脚手架等周转材料 116 490 元,其中道路工程摊销 48 960 元,码头工程摊销 67 530 元。

会计分录 5:摊销周转材料。

(3) 领用低值易耗品 14 528 元,其中道路工程 6 213 元,码头工程 8 315 元(采用一次摊销法)。

会计分录 6:领用低值易耗品(提示:属于周转材料核算内容)。

(三) 机械使用费的归集

分配本月租赁机械的机械使用费 122 060 元,已通过银行存款支付。其中道路工程分配 58 487.74 元,码头工程分配 63 572.26 元。

会计分录 7:分配机械使用费。

(四) 其他直接费和间接费用的归集

根据下述资料,作出有关建造合同成本的会计处理。

(1) 摊销施工现场搭建的临时房屋设施费(搭建时发生的实际成本 267 000 元,不考虑净残值,本月应摊销的临时设施费按施工生产人员的工资比例分摊),完成临时设施摊销表的填写(见表 2-37)及账务处理。

会计分录 8:摊销临时设施。

表 2-37 临时设施摊销计算表

编制单位:振兴建筑有限公司　　　　　　　　　　　　　　2022 年 6 月 30 日

核 算 对 象	生产人员职工工资/元	摊销率(保留两位有效小数)	摊销额(第一位统一用保留了小数位的摊销率来乘,第二位需倒挤)/元	备 注
道路工程				临时设施摊销额
码头工程				= 267 000/15
合 计				= 17 800 元

财务主管:　　　　　复核:　　　　　记账:　　　　　制表:

（2）施工耗用水电费 3 860 元(银行存款支付),其中道路工程耗用 2 230 元,码头工程耗用 1 530 元,项目管理耗用 100 元。

会计分录 9:施工耗用水电费。

（3）计提项目管理的办公设备折旧费 32 100 元。

会计分录 10:计提办公设备折旧费。

（4）以现金报销施工管理人员的差旅费 12 000 元。

会计分录 11:报销差旅费。

（5）施工项目办公室报销办公用品 3 000 元,劳保用品 8 000 元,设备修理费 600 元。上述费用通过银行转账支付。

会计分录 12:报销办公用品。

（6）以银行存款支付排污费 10 000 元(提示:记入间接费用的其他费用)。

会计分录 13:支付排污费。

（五）登记工程成本卡

要求:登记"合同履约成本—道路工程"和"合同履约成本—码头工程"的工程成本卡。

工程成本卡

账明细科目:道路工程　　　　　　　　　　　　　　　　　　　单位:元

2022 年		凭证号	摘要	借方						贷方	借/贷	余额
月	日			人工费	材料费	机械使用费	其他直接费	间接费用	合计			
6			期初余额								平	

工程成本卡

账明细科目:码头工程　　　　　　　　　　　　　　　　　　　单位:元

2022 年		凭证号	摘要	借方						贷方	借/贷	余额
月	日			人工费	材料费	机械使用费	其他直接费	间接费用	合计			
6			期初余额								平	

（六）分配间接费用

（1）登记"合同履约成本—间接费用明细账"。

合同履约成本—间接费用明细账

2022年		凭证号	摘要	借方发生额						
月	日			职工薪酬	办公费(含水电费、办公用品等)	差旅费	折旧修理	劳保费	其他	合计
6										

（2）采用直接费用比例法分配间接费用,编制间接费用分配表(见表2-38),并作出有关间接费用的会计处理。

表 2-38 间接费用分配表

编制单位:振兴建筑有限公司　　　　　2020 年 6 月 30 日　　　　　　　　单位:元

工程项目	分配标准	分配率(保留三位小数)	分配金额(保留两位小数)	备注
道路工程				统一用保留了小数位的摊销率来乘
码头工程				需倒挤
合计				

财务主管:　　　复核:　　　　记账:　　　　制表:

道路工程直接费合计＝

码头工程直接费合计＝

分配率＝

会计分录 14:

任务二　信达建筑有限公司工程成本核算业务实操

【案例背景】

假设你是信达建筑有限公司的成本会计,负责公司新承接的××工程项目(包括建造商场工程与建造住宅工程),请完成公司4月份工程成本核算任务。

四月份经济业务1—32笔

(一)工程成本的归集

1．汇款到临时账户

4月8日,总部汇款到项目部临时存款账户90万元,作为项目启动资金。

2．采购原材料

4月8日,采购临时设施使用的夹芯板36 000元,材料验收入库,已收到增值税专用发票,转账支付货款。

3．采购商品混凝土

4月8日,采购临时设施使用的商品混凝土7 200元,材料验收入库,已收到增值税专用发票,转账支付货款。

4．领用材料

4月8日,从仓库领用临时设施使用的夹芯板和混凝土。

5．采购材料

4月8日,为铺设临时设施水电管线,采购电线3 560元、给排水材料4 612元,转账支付货款。

6．工程机械作业

4月9日,结算场地临时道路作业机械及运土费(建造临时设施支出),按照每小时500元结算,本次作业用时192小时,金额96 000元,已收到增值税专用发票,转账支付货款。

7．临时设施安装完工

4月10日,临时设施领用电线、给排水材料,临时设施建设完成,结转临时设施成本。

8．缴纳社会保险费、税费

4月15日,银行扣缴上个月社会保险费和个人所得税,并预缴二季度(4、5、6月份)的所得税(提示:公司3月份已计提社会保险费,并已经计算出个人承担的社会保险费和个人所得税)。

9．工程开工

4月15日,购买烟花爆竹用于工地开工典礼,现金支付款项。

10．采购原材料

4月15日,采购基础用钢筋,根据合同、发票、入库单、付款单办理付款结算,已开具转账支票支付货款。

11. 采购和领用原材料

4月16日,采购商品混凝土,发票注明价税合计金额382 392元,工程已领用,款项尚未支付。

12. 采购和领用原材料

4月18日,采购水泥,发票注明价税合计金额245 755元,工程已领用,款项尚未支付。

13. 采购和领用原材料

(1)4月19日,采购砂石,发票已到,根据合同及送货单需支付金额180 000元。

(2)4月20日,砂石运到,发现短缺300吨(合理损耗为100吨)。

(3)4月20日,两个工程领用2 200吨砂石。

14. 采购排水材料

4月20日,采购排水材料,验收入库发票已到,发票金额5 311元。工程全部领用,款项尚未支付。

15. 机械费

4月21日,根据机械部门(仅承包本单位工程)开出的机械作业工时计算单,结算开挖基础场地整平机械费(属于工程支出)。

16. 领用原材料

4月22日,工程领用钢筋用于绑扎基础,根据仓管开具出库单汇总统计,确认成本。

17. 采购周转材料

4月24日,采购木模板678 000元、钢模钢撑791 000元,材料已入库,收到增值税专用发票,款项尚未支付。

18. 支付燃料费

4月25日,支付本月动力费2 200元。

19. 领用周转材料

4月25日,领用木模、钢撑(采用的是一次摊销法,领用时将其全部价值计入相关成本)用于施工一、二层梁柱。

20. 停机坪修理费

4月25日,发生停机棚修理费,价税合计金额60 552元,款项尚未支付。

21. 采购和领用临时围墙用材料

4月27日,购买项目工地临时围墙用材料60 000元,材料已验收入库,款项尚未支付。材料已经全部领用。

22. 发放工资

4月30日,发放3月份项目部人员及管理部门人员工资。

23. 报销费用

4月30日,总部办公室报销招待费2 628元,现金支付。

24. 提现

4月30日,从深圳临时户头提现20 000元用于深圳项目部备用金。

25. 参加安全培训会

4月30日,参加建委(行政事业单位)组织的安全培训会,现金支付5 000元。

26．支付劳务费

4月30日，以现金支付劳务派遣公司劳务费4 600元。

27．计提工资

4月30日，计提本月项目部人员及管理人员工资（总计2 500工时，其中商场900工时，住宅1600工时）。

28．领用材料

4月30日，项目部领用钢材75吨。

29．支付材料款

4月30日，支付前期材料款。

30．计提折旧

4月30日，计提本月固定资产折旧（工程部使用的机械折旧费先归入机械作业）。

（二）工程成本的分配

1．完成本月机械费的分配（台班分配法）

4月30日，按照本月工程使用台班数量（商场使用台班10台，住宅使用台班30台）进行机械费的分配。

2．完成本月间接费用的分配（直接费用比例法）

模　块　小　结

本模块思维导图如图2-1所示。

工程成本的核算内容包括直接成本和间接成本的核算。直接成本是与工程项目直接相关的费用，包括人工费、材料费、机械使用费等。间接成本则是指与工程项目间接相关的费用，如管理费、办公费、差旅费等。这些成本都需要在工程项目中进行核算和控制，以确保项目的经济效益和盈利能力。

成本的分配是工程项目中一个重要的环节。根据不同的成本类型和分配方法，可以将成本分配到不同的工程项目中，以便进行成本分析和控制。例如，机械费可以按照台班分配法进行分配，根据各工程项目使用的机械台班数量来分配机械费。间接费用则可以按照直

接费用比例法进行分配,根据各工程项目的直接费用占总直接费用的比例来分配间接费用。

通过合理的成本分配,可以更好地了解各工程项目的成本构成和盈利情况,为项目管理提供有力的数据支持。同时,成本分配还可以帮助企业制定更加科学的成本控制策略,提高项目的经济效益和竞争力。

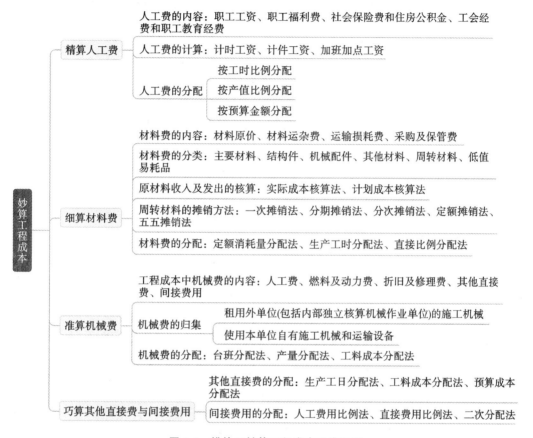

图 2-1 模块二妙算工程成本思维导图

模块三　审结工程成本

知识目标

1. 了解已完工程和未完工程的概念。

2. 了解工程项目结算的意义。

3. 掌握已完工程成本、未完工程成本的计算方法。

4. 掌握工程项目的不同结算方式。

5. 掌握工程成本结算的账务处理。

能力目标

1. 会运用约当产量法计算期末未完工程成本。

2. 会运用工序成本法计算期末未完工程成本。

3. 会根据未完工程成本计算出期末已完工程实际成本。

4. 会根据会计准则完成工程项目结算的账务处理。

素质目标

1. 培养学生"坚守底线,不越红线"的道德意识,始终做到廉洁自律,清白做人,干净做事。

2. 培养学生的分析提炼信息能力、办公技能、专业技能。

3. 培养学生的团队协作、沟通协调、自信表达的能力,增强学生的责任感与集体荣誉感。

4. 培养学生"不以规矩,不能成方圆"的规矩意识。

项目一　工程成本的结算与竣工决算

任务一　掌握工程成本的结算

【任务设定】

熟悉工程成本结算流程,掌握已完工程预算成本和实际成本的计算方法,并能正确进行账务处理。

一、工程成本结算的概念

施工企业对工程成本应按期进行结算。工程成本的结算是在工程施工过程中,按一定的成本计算期(如月、季、年)所归集和分配的施工生产费用,计算各时期的已完工程预算成本和实际成本,以反映各期工程成本的节超情况,便于考核各个时期施工过程中的经济效益。

工程成本的结算

施工企业之所以要办理工程成本结算,主要是因为建筑安装工程的施工具有长期性的特点。一项工程从开工到竣工,短则数月,长则数年,如果等到承包工程竣工后再办理成本结算,就不能及时反映各期工程成本的节超情况和降低成本任务的完成情况。因此,施工企业需要按照规定的成本计算期,定期办理工程成本结算,以便及时反映和监督工程成本的执行情况,为成本控制和决策提供有力的支持。同时,工程成本结算也是企业会计核算的重要组成部分,能够为企业提供准确的成本信息和经营成果,为企业的经济决策和财务分析提供依据。

二、工程成本结算的程序

(一) 计算未完工程成本

未完工程是指那些虽已投入人工、材料进行施工,但尚未达到预算定额规定的全部工程内容的一部分工序,则视为建筑"在产品",称为未完施工(或未完工程)。由于不易确定未完工程的工程量和工程质量,不能据以收取工程价款。例如,抹灰工程按预算定额规定应抹三遍,如果本期只抹完一遍,那么该项工程就是未完工程。

1. 按预算单价计算未完工程成本

按预算单价计算未完工程成本是指按照预算定额单价和未完工程的工程量计算未完工程成本的方法。其中,未完工程的工程量可根据实际施工进度和预算定额规定的工程内容确定,或者通过现场勘察、测量与工程师协商等方式获取。然后,根据预算定额单价和未完工程的工程量,计算出未完工程成本。这种方法适用于工程量易于确定且预算定额单价较为准确的情况。

按预算单价计算未完工程成本常用方法如下。

（1）估量法。

估量法又称为约当产量法,主要适用于无法准确计算未完工程量的情况。估量法要求估算人员根据工程现场的实际施工进度和已完成的工作量,对未完工程进行估算,然后根据预算单价计算出未完工程的成本。由于估算具有一定的主观性,因此要求估算人员具有较高的专业水平和经验,以保证估算的准确性和可靠性。估量法的相关计算公式如下。

$$未完工程约当产量 = 未完工程量 \times 估计完工程度$$
$$未完工程成本 = 未完工程约当产量 \times 分部分项工程预算单价$$

【训练 3-1】 完成如下未完工程施工盘点表的填写。

单位工程名称	分部分项工程		已 完 工 序				未完工程成本/元
	名称	预算单价/元	工序	完工进度	工程量/米²	约当产量/米²	
篮球馆工程	墙面抹石加砂浆	6	抹一遍	50%	2 000		
游泳馆工程	池面防漆	30	防水层	50%	5 000		
合计							

（2）估价法。

估价法也称工序成本法,主要适用于可以准确计算各工序未完工程量,但无法确定工序的预算单价的情况。此种情况下,可以根据市场价格或历史成本等信息估算出分部分项工程内各个工序耗用的直接费占整个预算单价的比重,进而计算出各个工序的预算单价,再分别乘以各工序的未完工程量,汇总后得到未完工程的预算成本。估价法要求估算人员具备较高的市场敏感度和成本控制意识,能够合理评估材料、人工等成本的变化趋势,以保证估算的准确性和有效性。估价法的相关计算公式如下。

$$各工序预算单价 = 分部分项工程预算单价 \times 该工序占分部分项工程的比重$$
$$未完工程成本 = \sum（各工种未完工程量 \times 各工序的预算单价）$$

【训练 3-2】 完成如下未完工程施工盘点表的填写。

单位工程名称	分部分项工程		已 完 工 序					未完工程成本/元
	名称	预算单价/元	工序	工序比重	未完工程量/米²	工序预算单价/元	工序预算成本/元	
篮球馆工程	外墙保温	125	保温板	64%	1 000			
			保温砂浆	16%	500			
			固定件	4%	200			

（3）直接测定法。

直接测定法适用于可以准确计算未完工程量和预算单价的情况。此种情况下,可以直接到施工现场进行实地测量和计算,以确定未完工程的成本。直接测定法要求测量人员具备较高的专业水平和技能,能够准确测量和计算未完工程的数量和成本,以保证测量的准确性和可靠性。

2.按实际成本计算未完工程成本

按实际成本计算未完工程成本是指根据已发生的实际成本,对未完工程进行成本估算。这种方法需要收集和整理施工过程中实际发生的各项费用,包括人工费、材料费、机械使用费等,并根据施工进度和已完成的工作量,将这些费用分摊到未完工程上,从而计算出未完工程的实际成本。

该方法能够更准确地反映施工过程中实际发生的成本,但需要收集和处理大量的实际成本数据,主要适用于未完工程在当月工作量中占比较大,且期初期末数值也有一定差距的情况,因为这种情形下如果依然把月末未完工程的预算成本视同实际成本,那么成本估算的准确性和可靠性会受到一定程度的影响。

按实际成本计算未完工程成本常用方法如下。

（1）约当产量法。

约当产量法的相关计算公式如下。

$$实际成本分配率=\frac{本期实际发生施工成本+期初未完工程成本}{本期已完工程量+期末未完工程约当产量}$$

$$未完工程实际成本 = 期末未完工程约当产量 \times 实际成本分配率$$

【训练3-3】　篮球馆工程的外墙保温分项工程由保温板、保温砂浆、固定件三道工序组成,月末未完工程施工盘点如下所示,已知该分项工程本月实际发生成本为120 000元,期初无未完工程成本。请完成该分项工程未完工(实际)成本的计算。

| 单位工程名称 | 分部分项工程 | | 已完工序 | | | 实际成本分配率 | 未完工程实际成本/元 |
	名称	已完工程量/米²	工序	工序比重	未完工程量/米²	约当产量/米²		
篮球馆工程	外墙保温	800	保温板	64%	1000			
			保温砂浆	16%	500			
			固定件	4%	200			
合计								

计算过程:

（2）预算成本法。

预算成本法的相关计算公式如下。

$$实际成本分配率 = \frac{本期实际发生施工成本 + 期初未完工程成本}{本期已完工程预算成本 + 期末未完工程预算成本}$$

$$未完工程实际成本 = 期末未完工程预算成本 \times 实际成本分配率$$

【训练3-4】 沿用【训练3-2】和【训练3-3】有关篮球馆外墙保温分项工程的数据，已知该分项工程本月实际发生成本为120 000元，期初无未完工程成本。请按照预算成本法完成该分项工程未完工（实际）成本的计算。

（二）计算已完工程实际成本

已完工程是指已经完成施工定额所规定的全部工作内容的分部分项工程，对单位工程来说虽未竣工，不具有完整的使用价值，但对于建筑企业来说已不需要再进行施工活动，可确定工程量和工程质量，因而可以向发包单位进行工程部分点交和工程价款结算。

月末未完工程施工成本确定后，便可以根据期初未完工程施工成本和本期实际发生的工程成本，确定当月各个成本核算对象已完工程实际成本。本期已完成工程实际成本计算公式如下。

$$本期已完工程实际成本 = 期初未完工程成本 + 本期实际发生工程成本$$
$$- 期末未完工程成本$$

（三）计算已完工程预算成本

已完工程实际成本确定以后，为了对比考察成本的升降情况并与客户进行结算，还要计算当月已完工程预算成本。已完工程预算成本计算公式如下。

$$已完工程预算成本 = \sum (实际完成工程量 \times 预算单价) + (取费基础 \times 其他$$
$$直接费和间接费用定额) + 人工、材料、机械台班价差$$

1. 已完工程预算成本的计算依据

已完工程预算成本计算依据如下。

（1）施工图纸和预算定额。

施工图纸和预算定额是编制工程预算、编制标底、统计报量和工程预算成本计算的依据。施工图纸详细展示了工程的结构、尺寸和材料等信息，预算定额则提供了各种材料和人工的单价和消耗量标准。

（2）实际完成的工程量。

实际完成的工程量可以根据施工图纸和现场实际施工情况通过测量和验收得到，包括各个分项工程的实际完成量和质量。这些数据是计算已完工程预算成本的关键依据。

（3）费用定额和取费基础。

费用定额包括各种其他直接费、间接费用、税金和其他费用的计算标准，取费基础则是计算这些费用(如人工费、材料费、机械使用费等)的依据。费用定额和取费基础是根据国家或地方的相关规定,以及企业的内部管理制度确定的。

(4)人工、材料、机械台班价差。

在实际施工过程中,由于市场价格的变化,人工、材料和机械台班的价格可能会发生变化,从而导致实际成本与预算成本存在一定差异。这些差异需要在计算已完工程预算成本时进行考虑和调整。

2. 已完工程预算成本的计算方法

已完工程预算成本的计算通常有以下两种方法。

(1)实算法。

实算法是根据实际完成的工程量,按照预算定额和费用定额计算已完工程预算成本的一种方法。这种方法需要详细统计实际完成的工程量,逐项查找建筑安装工程基价(或施工图预算、工程量清单所列示单价),并加以分析计算,求得人工费、材料费和机械使用费的预算成本。再加上一定比例的其他直接费和间接费用,最终得出已完工程的预算成本。

实算法的优点是计算结果准确,能够真实反映工程实际成本情况;缺点是需要大量的数据统计和计算工作,工作量大,耗时较长。

【训练 3-5】 2023 年 1 月,某建筑工程公司承担某学校实训楼建设工作,该实训楼部分已完工程按照工程量和人、材、机综合单价的计算结果为 120 万元,其他直接费占人、材、机工程费的 10%,间接费用占直接工程费的 6%。请计算该实训楼已完工程预算成本。

(2)固定比例法。

固定比例法是根据历史资料测算出各类工程成本中各个成本项目所占的比例,以该比例乘以同类工程的预算成本,从而得到本期已完工程各个成本项目的预算成本。

固定比例法的优点是计算简便,工作量小,能够迅速得出结果;缺点是根据过去的经验或统计数据得出,因此可能无法完全反映当前工程的实际情况,导致计算结果的准确性相对较低。

【训练 3-6】 假设某项目部根据历史资料测算出桥梁类建筑工程各个成本项目占总预算成本的比例分别为:人工费占 20%、材料费占 55%、机械使用费占 10%,其他直接费占 5%、间接费用占 10%。该项目部承接的同类型同规模的桥梁工程总预算成本为 1 200 万元。请计算出本期该桥梁工程各成本项目的已完工程预算成本。

(四)计算工程成本的节超额

根据已完工程的预算成本和实际成本,计算出各成本项目的实际发生额和预算发生额,并编制工程成本结算表。节超额计算公式如下。

$$节超额 = 已完工程预算成本 - 已完工程实际成本$$

在进行工程成本结算时,施工企业除了完成节超额的计算,还需要对工程成本进行分析和比较,找出成本差异的原因和趋势,以便采取相应的措施进行成本控制。最后,需要将结算结果及时反馈给相关部门和人员,以便他们了解工程成本的执行情况,并采取相应的措施进行改进和优化。

三、工程成本结算的账务处理

在完成工程成本结算后,需要进行相应的账务处理,以准确反映工程成本的实际情况。

(一)工程成本结算的账户设置

1. 合同结算账户

合同结算账户如表 3-1 所示。

表 3-1　合同结算账户

借　　　方	贷　　　方
按照履约进度结转至"主营业务收入"的金额	根据合同约定开出工程价款结算单,客户单位同意支付的结算金额
企业已向客户转让商品而有权收取对价的权利(指合同资产)	根据合同约定提前向客户单位收取的款项金额(合同负债)

(1)性质:合同结算是一个兼具资产和负债双重属性的会计科目,增设该科目时通常将其放在成本类科目。

(2)结构:借减贷增。

(3)核算内容:贷方核算根据合同约定开出工程价款结算单且客户单位同意支付的结算金额;借方核算按照履约进度结转进入"主营业务收入"的金额。期末余额在借方表示企业已经向客户转让商品而有权收取对价的权利(合同资产);期末余额在贷方表示根据合同约定提前向客户单位收取的款项金额(合同负债)。

(4)明细账户设置:该账户一般按照"收入结转""价款结算"设置二级明细科目。

2. 合同资产账户

合同资产账户如表 3-2 所示。

表 3-2　合同资产账户

借　　　方	贷　　　方
企业已向客户转让商品而有权收取对价的权利的增加	客户向企业支付对价导致有权收取对价的权利的减少
企业已经向客户转让商品但尚未收到的款项金额	

(1)性质:资产类科目。

(2)结构:借增贷减。

（3）核算内容：借方核算企业已向客户转让商品而有权收取对价的权利的增加，且该权利取决于时间流逝之外的其他因素；贷方核算客户向企业支付对价导致有权收取对价的权利的减少。期末余额通常在借方，表示企业已经向客户转让商品但尚未收到的款项金额。这个科目通常用于记录企业已经履行了合同义务，但尚未收到客户支付的款项的情形。例如，企业向客户销售两项可明确区分的商品，企业因已交付其中一项商品而有权收取款项，但收取该款项还取决于企业交付的另一项商品，企业应当将该收款权利作为"合同资产"。此处需要注意的是，企业拥有的、无条件（即仅取决于时间流逝）向客户收取对价的权利应当作为"应收款项"单独列示。

（4）明细账户设置：该账户一般按照客户名称设置二级明细科目。

3. 合同负债账户

合同负债账户如表3-3所示。

表3-3 合同负债账户

借　　方	贷　　方
企业已收或应收客户对价而应向客户转让商品的义务的减少	企业已收或应收客户对价而应向客户转让商品的义务的增加
	企业尚未向客户转让的商品所对应的义务金额

（1）性质：负债类科目。

（2）结构：借减贷增。

（3）核算内容：借方核算企业已收或应收客户对价而应向客户转让商品的义务的减少；贷方核算企业已收或应收客户对价而应向客户转让商品的义务的增加。期末余额通常在贷方，表示企业尚未向客户转让的商品所对应的义务金额。当企业向客户转让商品前，客户已经支付了款项或企业已经取得了收取款项的权利，此时企业就承担了一项向客户转让商品的义务。这个义务在合同开始日即已存在，但通常随着时间的推移而逐渐减少，因为企业逐渐完成了向客户的商品转让。

（4）明细账户设置：该账户一般按照客户名称设置二级明细科目。

（二）工程成本结算的账务处理

工程成本结算的账务处理流程如下。

（1）将已完工程实际成本和预算成本分别记入相应的成本账户和预算账户。

（2）根据结算结果，调整未完工程成本的余额，确保未完工程成本的准确性。

（3）将已结算的工程成本与客户进行核对，确保结算金额的准确性和无误。

（4）根据结算结果和合同约定，向客户开具相应的发票和收款凭证。

通过以上账务处理流程，可以确保工程成本结算的准确性和规范性，为企业的财务管理和决策提供有力的支持。

（三）工程成本结算的会计分录

工程成本结算的会计分录如下。

（1）施工企业到达结算节点时,根据结算结果或合同约定,开出工程价款结算单与客户单位办理结算,并向客户开具相应的发票,编制会计分录如下。

借:合同资产

　　贷:合同结算—价款结算

　　　　应交税费—应交增值税（销项税额）

（2）待后续客户单位支付工程价款后,编制会计分录如下。

借:银行存款

　　贷:合同资产

（3）月末,按完工进度结转至"主营业务收入",编制会计分录如下。

借:合同结算—收入结转

　　贷:主营业务收入

（4）报告日,根据合同结算的借贷余额,填写至资产负债表相应位置。若合同结算为借方余额,表示客户单位支付的结算款项少于企业按完工进度应得到的收入金额,企业存在有权收取对价的权利,故列示为"合同资产";若合同结算为贷方余额,表示企业提前向客户单位收取的款项金额,故列示为"合同负债"。

【任务实施】

振兴建筑有限公司的1号工程队承担了足球场和体育馆的土建工程,2021年2月开工,预计工期为12个月。由于两个场馆紧邻,由同一个项目经理部负责组织和管理。上述工程采用竣工后一次结算工程价款的结算方式。2021年3月发生如下经济业务。

（1）应付施工人员的工资40 000元,足球场工程单独发生人工费25 600元,体育馆工程单独发生人工费14 400元。其中足球场耗用1 920工时,体育馆耗用1 280工时。

（2）两项工程共同发生主要材料费500 000元,本月两项工程的材料定额耗用量分别为60吨、40吨,材料费按材料定额耗用量比例分配。

（3）从外部租赁施工用挖掘机、推土机和塔吊,使用情况如下。

①开出转账支票支付挖掘机的租赁费28 000元。其中,足球场工程使用台班1个,体育馆工程使用台班3个。

②结算应付的外部推土机租赁费12 000元。其中,足球场工程使用台班1个,体育馆工程使用台班2个。

③开出转账支票支付塔吊的租赁费24 000元。其中,足球场工程使用台班2个,体育馆工程使用台班3个。

该公司自有混凝土搅拌机未实行内部租赁制,本月在对这两项工程施工时共发生使用费4 800元。

（4）发生材料二次搬运费3 500元,足球场和体育馆工程分别为1 500元和2 000元;场地清理费2 500元,足球场和体育馆工程分别为1 000元和1 500元。本月临时设施摊销6 000元,足球场和体育馆工程分别为2 000元和4 000元。款项均以银行存款支付。

（5）项目经理部发生费用如下:工资40 000元,水电费1 000元,折旧费5 000元,通信费2 000元,误餐补助2 000元。足球场和体育馆工程已发生的直接费分别为4 500 000元和5 500 000元。

（6）足球场工程月初未完工程的实际成本为 1 000 000 元，月末盘点确定的未完工工程量为 2 000 平方米，完工程度为 40％，本月累计已完工工程量为 6 000 平方米。

体育馆工程月初未完工程的实际成本为 1 200 000 元，月末盘点确定的未完工工程量为 5 000 平方米，其完工程度为 50％，本月累计已完工工程量为 10 000 平方米。

任务：根据给定的工程成本结算资料，计算未完工程成本和已完工程成本，并进行账务处理。

（1）编制会计分录。

（2）登记明细账户。

合同履约成本

明细科目：足球场工程　　　　　　　　　　　　　　　　　　　　　　　单位：元

月	日	凭证号	摘要	借方						贷方	借/贷	余额
				人工费	材料费	机械使用费	其他直接费	间接费用	合计			
			期初余额	52 000	798 000	89 500	21 000	39 500	1 000 000			

合同履约成本

明细科目:体育馆工程   单位:元

月	日	凭证号	摘要	借方						贷方	借/贷	余额
				人工费	材料费	机械使用费	其他直接费	间接费用	合计			
			期初余额	65 000	883 000	195 000	25 000	32 000	1 200 000			

合同履约成本

明细科目:间接费用   单位:元

月	日	凭证号	摘要	借方						贷方	借/贷	余额
				职工薪酬	办公水电费	差旅费	折旧修理	物料费	合计			
			期初余额	30 000	1 000	1 200	500	800	33 500			

（3）计算未完工程成本,并推算出已完工程实际成本。

【任务评价】

模块三　任务完成考核评价

项目名称	项目一　工程成本的结算与竣工决算	任务名称	任务一　掌握工程成本的结算
班级		学生姓名	
自我评价	【训练3-1】的完成情况		
	【训练3-2】的完成情况		

评价方式	评价内容	分值	成绩
自我评价	【训练 3-3】的完成情况		
	【训练 3-4】的完成情况		
	【训练 3-5】的完成情况		
	【训练 3-6】的完成情况		
	【任务实施】的完成情况		
	合计		
小组评价	本小组本次任务完成质量		
	个人本次任务完成质量		
	个人参与小组活动的态度		
	个人的合作精神与沟通能力		
	合计		
教师评价	个人所在小组的任务完成质量		
	个人本次任务完成质量		
	个人对所在小组的参与度		
	个人对本次任务的贡献度		
	合计		

总评＝自我评价×（　　）％＋小组评价×（　　）％＋教师评价×（　　）％＝

任务二　理解工程成本的竣工决算

【任务设定】

了解工程竣工决算的概念、内容和程序，掌握竣工决算表的编制方法，以便在工程竣工后能够正确进行决算，反映工程的实际成本和经济效益。

【知识链接】

一、工程竣工决算的概念

工程竣工决算是指在工程项目竣工验收后，根据竣工结算资料和有关财务会计制度，对工程项目的全部实际成本进行核算，确定工程项目的最终成本，并编制竣工决算报告，以分析考核工程成本节超情况的过程。工程竣工决算反映了工程项目的实际成本、经济效益和财务状况，是工程项目成本管理的最终成果，也是工程项目经济效益评价的重要依据。

二、工程竣工决算的内容

工程竣工决算的内容包括以下几个方面。

（一）工程竣工结算

根据竣工结算资料和预算定额，计算工程项目的实际成本，并与预算成本进行对比分析，找出成本差异的原因。

（二）财务费用核算

对工程项目在建设和运营过程中发生的财务费用进行核算，包括利息支出、汇兑损益等。

（三）利润核算

根据工程项目的实际成本和收入，计算工程项目的利润，并进行利润分析。

（四）资产交付核算

对工程项目形成的固定资产进行交付核算，确定资产的价值和归属。

三、工程竣工决算的程序

工程竣工决算的程序包括以下几个步骤。

（一）收集竣工结算资料

收集工程项目的竣工结算资料，包括施工图纸、施工记录、变更签证等。

（二）编制竣工结算表

根据竣工结算资料和预算定额，编制工程项目的竣工结算表，计算工程项目的实际成本。

（三）进行成本分析

对工程项目的实际成本与预算成本进行对比分析，找出成本差异的原因，提出改进措施。

（四）编制竣工决算报告

根据竣工结算表和其他相关资料，编制工程项目的竣工决算报告，用于反映工程项目的实际成本、经济效益和财务状况。

（五）项目材料归档

竣工的合同项目成本卡应于竣工当月抽出，连同项目竣工结算资料、竣工结算表、竣工决算报告以及有关分析资料合并归档保管，建立工程技术档案，以便日后查看。

四、工程竣工决算表的编制

工程竣工决算表的编制是工程项目竣工决算的核心工作。工程竣工决算表的示例如表3-4所示。

表 3-4　工程竣工决算表

发包单位		开工日期	
工程名称		竣工日期	
建筑面积		金额	

成本项目	预算成本	实际成本	降低额	降低率/(%)	简要说明
人工费					
材料费					
机械使用费					
其他直接费					
间接费用					
工程成本总计					

工程竣工决算表编制步骤如下。

（一）确定决算范围

明确本次竣工决算的工程项目范围,确保所有相关成本都被纳入决算。

（二）收集成本数据

从项目开始到结束,收集所有与项目相关的成本数据,包括直接成本和间接成本。

（三）分类汇总成本

将收集到的成本数据按照成本类型(如人工费、材料费、机械使用费等)进行分类,并进行汇总。

（四）编制决算表

在决算表中列出各项成本,按照成本类型进行归类,并将各项目工程成本卡的期末金额填至"实际成本"中;再根据工程结算书或调整后的施工图预算分别填至各项目的"预算成本",最后计算余额。

（五）对比分析

将实际成本与预算成本进行对比分析,找出差异原因,并评估项目的经济效益。

（六）编写决算报告

根据决算表和其他相关资料,编写工程竣工决算报告,详细说明项目的实际成本、经济效益和财务状况。

（七）审核与审批

决算表和决算报告需要经过相关部门和人员的审核与审批,确保决算结果的准确性和合规性。

五、人工、材料、机械用量比较表

人工、材料、机械用量比较表是工程项目竣工决算中常用的一种分析表格,用于对比实际消耗与预算消耗的差异。人工、材料、机械用量比较表示例如表 3-5 所示。

表 3-5　人工、材料、机械用量比较表示例

项　　目		计量单位	预算用量	实际用量	节支(＋)或超支(－)	节支率或超支率/(％)
人工		工日				
材料	1.钢材	吨				
	2.水泥	吨				
	3.木材	立方米				
	4.标砖	千块				
	5.混凝土	立方米				
	6.砂石	立方米				
	7.砂浆	吨				
机械	1.大型	台班				
	2.中、小型	台班				

【任务实施】

请完成篮球馆工程竣工决算表(见表 3-6)以及人工、材料、机械用量分析表(见表 3-7)的填写。

表 3-6　篮球馆工程竣工决算表

发包单位	振兴建筑有限公司			开工日期	2022-2-1
工程名称	篮球馆工程			竣工日期	2022-8-15
建筑面积	1 000 米²			金额	4 205 120 元
成本项目	预算成本	实际成本	降低额	降低率/(％)	简要说明
人工费	890 000	950 000			
材料费	1 500 000	1 350 070			
机械使用费	1 200 000	1 068 008			
其他直接费	180 000	170 660			
间接费用	67 000	66 578			
工程成本总计	3 837 000	3 605 316			

表 3-7　篮球馆工程人工、材料、机械用量比较表

项　　目		计量单位	预算用量	实际用量	节支(＋)或超支(－)	节支率或超支率/(％)
人工		工日	3 200	3 300		
材料	1.钢材	吨	60	56		
	2.水泥	吨	450	500		

项　　目		计量单位	预算用量	实际用量	节支(＋)或超支(－)	节支率或超支率/(％)
材料	3.木材	立方米	120	110		
	4.标砖	千块	350	340		
	5.混凝土	立方米	112	132		
	6.砂石	立方米	90	89		
	7.砂浆	吨	45	46		
机械	1.大型	台班	40	36		
	2.中、小型	台班	12	10		

【任务评价】

模块三　任务完成考核评价

项目名称	项目一　工程成本的结算与竣工决算		任务名称	任务二　理解工程成本的竣工决算
班级			学生姓名	
评价方式	评价内容		分值	成绩
自我评价	【任务实施】篮球馆工程竣工决算表			
	【任务实施】篮球馆工程人工、材料、机械用量比较表			
	合计			
小组评价	本小组本次任务完成质量			
	个人本次任务完成质量			
	个人参与小组活动的态度			
	个人的合作精神与沟通能力			
	合计			
教师评价	个人所在小组的任务完成质量			
	个人本次任务完成质量			
	个人对所在小组的参与度			
	个人对本次任务的贡献度			
	合计			

总评＝自我评价×(　)％＋小组评价×(　)％＋教师评价×(　)％＝

项目二　工程收入、费用与利润的核算

任务一　掌握合同收入与合同成本的综合核算

【任务设定】

掌握合同收入与合同成本的确认方法,能够根据工程项目的实际情况,进行合同收入与合同成本的计算与账务处理。

一、施工企业收入的核算内容

施工企业收入是指施工企业在一定时期内从事生产经营活动所取得的货币收入。施工企业的收入主要包括工程价款收入、劳务收入、产品销售收入、材料销售收入、租赁收入、无形资产转让收入和其他收入等。其中,工程价款收入是施工企业收入的主要来源,指的是施工企业按照工程合同规定向客户收取的款项,包括合同价款、变更价款、索赔价款等。

合同收入、成本的确认与核算

按照日常活动分类,施工企业收入可分为主营业务收入和其他业务收入。

(一) 主营业务收入

主营业务收入是指施工企业经常发生的、主要的经济活动所取得的收入,主要包括工程价款收入,即施工企业签订合同承包工程所获得的工程价款结算收入。工程价款收入具体包括下列收入。

1. 建造合同初始收入

建造合同初始收入是指根据合同规定向客户收取的款项,主要包括合同价款和按照合同规定收取的变更价款、索赔价款等。建造合同初始收入是施工企业收入的主要来源,也是工程价款收入的核心内容。

2. 合同变更收入

合同变更收入是指在施工过程中,由于合同变更导致施工企业增加的收入。合同变更可能是由于设计修改、工程量增减、工程范围变更等原因引起的,施工企业应根据合同变更的情况,及时与业主或客户协商,确认合同变更收入,并进行相应的账务处理。

3. 合同索赔收入

合同索赔收入是指施工企业在施工过程中,因业主或第三方原因导致的损失,根据合同条款向业主或第三方索赔所取得的收入。合同索赔收入是施工企业保护自身权益的重要手段,也是增加收入的重要途径。施工企业应根据合同条款和实际情况,合理计算索赔金额,并及时进行账务处理。

4. 合同奖励收入

合同奖励收入是指施工企业在完成工程合同后,因工程质量、进度等方面表现优秀,根据合同条款获得的奖励收入。合同奖励收入是对施工企业优秀表现的肯定,也是对其专业能力和服务质量的认可。施工企业应及时确认和记录合同奖励收入,以体现其业务成果和经济效益。

(二)其他业务收入

其他业务收入是指施工企业除主营业务收入之外的其他经济活动所取得的收入,如劳务收入、产品销售收入、材料销售收入、租赁收入、无形资产转让收入等。其他业务收入虽然占比较小,但也是施工企业收入的重要组成部分。施工企业应对其他业务收入进行规范管理和核算,确保收入的准确性和合法性。其他业务收入主要包括以下几个方面。

1. 劳务收入

劳务收入是指施工企业通过提供劳务活动所获得的收入。这些劳务活动可能包括施工过程中的辅助服务、设备安装调试、技术咨询等。施工企业应根据劳务合同的规定,合理计算劳务收入,并进行相应的账务处理。

2. 产品销售收入

产品销售收入是指施工企业通过销售产品(如建筑材料、设备等)所获得的收入。施工企业应根据产品销售合同的规定,及时确认产品销售收入,并进行相应的账务处理。

3. 材料销售收入

材料销售收入是指施工企业通过销售剩余材料或库存材料所获得的收入。施工企业应定期盘点库存材料,确认材料销售收入,并进行相应的账务处理。

4. 租赁收入

租赁收入是指施工企业通过出租设备、场地等资产所获得的收入。施工企业应根据租赁合同的规定,及时确认租赁收入,并进行相应的账务处理。

5. 无形资产转让收入

无形资产转让收入是指施工企业通过转让技术、专利、商标等无形资产所获得的收入。施工企业应根据无形资产转让合同的规定,合理计算转让收入,并进行相应的账务处理。

二、施工企业成本的核算内容

施工企业成本是指施工企业在生产经营活动中所发生的各种耗费。施工企业的成本主要包括直接成本和间接成本两部分。直接成本是与工程项目直接相关的成本,如人工费、材料费、机械使用费等;间接成本则是与工程项目间接相关的成本,如管理费用、财务费用等。施工企业应对成本进行准确核算,以便合理控制成本、提高经济效益。

按照日常活动分类,施工企业成本可分为主营业务成本和其他业务成本。

(一)主营业务成本

主营业务成本是指施工企业在进行工程施工过程中,直接与工程项目相关的成本。

主营业务成本是施工企业主营业务活动的直接体现,也是工程项目成本的主要组成部分。主营业务成本主要包括以下几个方面。

1. 直接材料费

直接材料费是指工程施工过程中直接消耗的各种材料(原材料、辅助材料、构配件、零件、半成品等)费用。

2. 直接人工费

直接人工费是指直接从事工程施工的工人的工资、奖金、津贴和补贴等费用。

3. 机械使用费

机械使用费是指工程施工过程中使用的自有施工机械和租赁施工机械所发生的费用,包括折旧费、维修费、租赁费等。

4. 其他直接费

其他直接费是指与工程施工直接相关,但不能直接归属于某个工程项目的费用,如工程用水费、电费、冬雨季施工增加费等。

施工企业应对主营业务成本进行准确核算,确保真实反映每个工程项目的成本,以便进行成本控制和经济效益分析。

(二)其他业务成本

其他业务成本是指施工企业在进行其他业务活动过程中,所发生的与这些业务活动直接相关的成本。其他业务成本虽然不属于主营业务成本,但也是施工企业成本的重要组成部分。其他业务成本主要包括以下几个方面。

1. 劳务成本

劳务成本是指施工企业提供劳务活动所发生的成本,包括劳务人员的工资、奖金、津贴和补贴等费用。

2. 产品销售成本

产品销售成本是指施工企业销售产品所发生的成本,包括产品的生产成本、销售费用等。

3. 材料销售成本

材料销售成本是指施工企业销售材料所发生的成本,包括材料的采购成本、销售费用等。

4. 租赁成本

租赁成本是指施工企业出租资产所发生的成本,包括资产的折旧费、维修费、保险费等。

5. 无形资产摊销成本

无形资产摊销成本是指施工企业无形资产的摊销费用,包括技术、专利、商标等的摊销费用。

三、合同收入与合同成本的账户设置

(一)成本类账户

成本类账户需要设置合同履约成本、合同结算等账户。

（二）损益类账户

1. 主营业务收入账户

主营业务收入账户如表 3-8 所示。

表 3-8　主营业务收入账户

借　　方	贷　　方
合同收入的结转	施工企业确认的合同收入

（1）性质：损益类账户。

（2）结构：借减贷增。

（3）核算内容：核算施工企业根据合同规定确认的工程价款收入。该账户的贷方登记施工企业确认的合同收入，借方登记合同收入的结转。每月末，施工企业需将本账户的贷方余额转入"本年利润"账户的贷方，表示施工企业当期实现的合同收入，因此期末无余额。

（4）明细账户设置：一般不设置明细科目。

2. 主营业务成本账户

主营业务成本账户如表 3-9 所示。

表 3-9　主营业务成本账户

借　　方	贷　　方
施工企业确认的合同成本	合同成本的结转

（1）性质：损益类账户。

（2）结构：借增贷减。

（3）核算内容：核算施工企业确认的合同成本。该账户的借方登记施工企业确认的合同成本，贷方登记合同成本的结转。每月末，施工企业需将本账户的借方余额转入"本年利润"账户的借方，表示施工企业当期发生的合同成本，因此期末无余额。

（4）明细账户设置：一般不设置明细科目。

3. 其他业务收入账户

其他业务收入账户如表 3-10 所示。

表 3-10　其他业务收入账户

借　　方	贷　　方
其他业务收入的结转	施工企业确认的其他业务收入

（1）性质：损益类账户。

（2）结构：借减贷增。

（3）核算内容：核算施工企业除工程施工和产品销售之外所取得的其他业务收入，

如劳务收入、材料销售收入、无形资产转让收入、租赁收入等。贷方登记施工企业确认的其他业务收入,借方登记其他业务收入的结转。每月末,施工企业需将本账户的贷方余额转入"本年利润"账户的贷方,表示施工企业当期实现的其他业务收入,因此期末无余额。

(4)明细账户设置:根据其他业务收入的种类设置明细科目,如劳务收入、材料销售收入、无形资产转让收入、租赁收入等。

4. 其他业务成本账户

其他业务成本账户如表3-11所示。

表 3-11　其他业务成本账户

借　　方	贷　　方
施工企业确认的其他业务成本	其他业务成本的结转

(1)性质:损益类账户。

(2)结构:借增贷减。

(3)核算内容:核算施工企业除工程施工和产品销售成本之外所发生的其他业务成本,如劳务成本、产品销售成本、材料销售成本、租赁成本、无形资产摊销成本等。借方登记施工企业确认的其他业务成本,贷方登记其他业务成本的结转。每月末,施工企业需将本账户的借方余额转入"本年利润"账户的借方,表示施工企业当期发生的其他业务成本,因此期末无余额。

(4)明细账户设置:根据其他业务成本的种类设置明细科目,如劳务成本、产品销售成本、材料销售成本、租赁成本、无形资产摊销成本等。

5. 资产减值损失—合同预计损失账户

资产减值损失—合同预计损失账户如表3-12所示。

表 3-12　资产减值损失—合同预计损失账户

借　　方	贷　　方
施工企业确认的合同预计损失	合同损失的结转

(1)性质:损益类账户。

(2)结构:借增贷减。

(3)核算内容:核算当期确认的合同预计损失。由于施工企业工程项目的长期性和复杂性,往往存在合同预计损失的情况。合同预计损失是指由于各种原因导致合同收入可能无法完全覆盖合同成本,从而产生的预计损失。施工企业应定期对工程项目进行减值测试,计算合同预计损失,并将其计入"资产减值损失—合同预计损失"账户的借方,期末将本账户余额全部转入"本年利润"账户,因此期末无余额。

(4)明细账户设置:一般不设置三级明细科目。

（三）资产类账户

1. 合同资产账户

合同资产账户如表 3-13 所示。

表 3-13　合同资产账户

借　　方	贷　　方
企业已向客户转让商品而有权收取对价的权利的增加	客户向企业支付对价导致有权收取对价的权利的减少
企业已经向客户转让商品但尚未收到的款项金额	

（1）性质：资产类科目。

（2）结构：借增贷减。

（3）核算内容：借方核算企业已向客户转让商品而有权收取对价的权利的增加，且该权利取决于时间流逝之外的其他因素；贷方核算客户向企业支付对价导致有权收取对价的权利的减少，期末余额通常在借方，表示企业已经向客户转让商品但尚未收到的款项金额。该账户通常用于记录企业已经履行了合同义务，但尚未收到客户支付的款项。例如，企业向客户销售两项可明确区分的商品，企业因已交付其中一项商品而有权收取款项，但收取该款项还取决于企业交付的另一项商品，企业应当将该收款权利作为"合同资产"。需要注意的是，企业拥有的、无条件（即仅取决于时间流逝）向客户收取对价的权利应当作为"应收款项"单独列示。

（4）明细账户设置：该账户一般按照客户名称设置二级明细科目。

2. 存货跌价准备——预计损失准备账户

（1）性质：资产类科目，属于存货类会计科目的备抵科目。

（2）结构：借减贷增。

（3）核算内容：核算建造合同计提的预计损失准备。由于市场环境、工程变更等原因，建造合同的价值可能会发生变化，产生预计损失。施工企业应定期对建造合同进行减值测试，计算预计损失，并将其计入"存货跌价准备——预计损失准备"账户的贷方，合同完工后，应将本账户的余额调整至"主营业务成本"账户，因此期末无余额。

（4）明细账户设置：该账户一般不设置三级明细科目。

四、合同收入与合同成本的确认与核算

合同收入与合同成本的确认是施工企业进行工程项目核算的重要内容。施工企业应根据工程项目的实际情况，按照合同条款和相关会计准则的规定，准确确认和核算合同收入与合同成本。

（一）建造合同的结果能够可靠地估计时，合同收入与合同成本的确认

合同收入与合同成本的确认与计量，首先需要判断建造合同的结果能否可靠地估计，然后再根据具体情况进行处理。当建造合同的结果能够可靠地估计时，施工企业在资产负债表日应采用完工百分比法进行合同收入与合同成本的确认。在采用完工百分比法

时,施工企业应根据工程项目的实际完工进度,计算出完工百分比,再根据完工百分比计量和确认当期的合同收入和合同成本。具体而言,确认的合同收入应根据合同总价款(不含税)和完工百分比计算得出,合同成本则应根据合同预计发生总成本和工程进度比例计算得出。确认的合同收入和合同成本应分别记入"主营业务收入"和"主营业务成本"账户,并按照会计准则的规定进行核算和报告。

1. 完工百分比的计算

完工进度的确认有以下四种方法。

（1）成本法。

成本法是指根据累计实际发生的合同成本占合同预计总成本的比例确定合同完工进度的一种方法。这种方法主要适用于合同工作量容易确定的建造合同,如道路修建、房屋施工等。计算公式如下。

$$合同完工进度＝累计实际发生的合同成本/合同预计总成本×100\%$$

【例题 3-1】 某施工企业签订了一份建造合同,合同总金额为 1 000 万元,预计总成本为 800 万元,合同工期为一年。在施工过程中,施工企业按照合同规定完成了工程进度,并累计发生了合同成本 600 万元。请问该施工企业应如何确认和计量当期累计的合同收入和合同成本?

根据成本法,可以计算出该施工企业的合同完工进度为：

$$合同完工进度＝600/800×100\%＝75\%$$

因此,该施工企业应确认当期累计的合同收入为：

$$累计合同收入＝1 000×75\%＝750(万元)$$

同时,该施工企业应确认当期的合同成本为：

$$累计合同成本＝600(万元)$$

【训练 3-7】 某施工企业签订了一份建造合同,合同总金额为 1 000 万元,预计合同总成本为 800 万元,合同工期为 12 个月。施工企业在前 6 个月实际发生了合同成本 400 万元。根据成本法,施工企业应如何确认前 6 个月的合同收入和合同成本?

（2）工作量法。

工作量法是根据已完合同工作量占合同预计总工作量的比例确定合同完工进度的一种方法。这种方法主要适用于合同工作量不易确定的建造合同,如道路工程、土石方挖掘工程、墙面工程、砌筑工程等。计算公式如下。

$$合同完工进度＝已完合同工作量/合同预计总工作量×100\%$$

【例题 3-2】 某施工企业承接了一项土方挖掘工程,合同总金额为 500 万元,预计总工作量为 100 万立方米。在施工过程中,施工企业已完成了 80 万立方米的土方挖掘工作。每立方米土方的挖掘成本为 4 元。请问该施工企业应如何确认和计量当期累计的合同收入和合同成本?

$$合同完工进度＝80/100×100\%＝80\%$$
$$累计合同收入＝500×80\%＝400(万元)$$
$$累计合同成本＝80×4＝320(万元)$$

【训练 3-8】　某施工企业承接了一项道路修建工程,合同总金额为 500 万元,预计总工作量为 10 万立方米,已完工程量的实际成本为 240 万元。在施工过程中,施工企业已经完成了 6 万立方米的工程量。请问该施工企业应如何确认和计量当期累计的合同收入和合同成本?

（3）实际测定进度法。

实际测定进度法是根据专业测量师对现场施工的实际进度进行测定确定合同完工进度的一种方法。这种方法适用于一些特殊和复杂的工程项目,如桥梁、隧道、大型设备安装等。计算公式如下。

$$合同完工进度＝专业测量师测定的实际进度百分比$$

【例题 3-3】　某施工企业承建了一座大型桥梁工程,合同总金额为 2 000 万元,桥梁工程的合同预计总成本为 1 800 万元,合同工期为两年。在施工过程中,专业测量师对桥梁的施工进度进行了测定,并确定桥梁的完工进度为 60%。请问该施工企业应如何确认和计量当期累计的合同收入和合同成本?

根据实际测定进度法,可以直接得出该施工企业的合同完工进度为 60%。

$$累计合同收入＝2\ 000×60\%＝1\ 200(万元)$$
$$累计合同成本＝1\ 800×60\%＝1\ 080(万元)$$

【训练 3-9】　某施工企业承接了一项复杂的桥梁工程,合同总金额为 2 000 万元,预计总工期为两年,实际完工进度的实际成本为 640 万元。在实际施工过程中,施工企业委托了专业测量师对工程进度进行了实际测定,并得出了实际完工进度为 40%。求施工企业当期累计的合同收入和合同成本。

（4）产出法。

产出法是根据项目的产出物来计量项目的进度的一种方法,主要用于生产设备的建造合同。计算公式如下。

$$合同完工进度＝项目产出物的实际数量/合同约定的产出物总数量×100\%$$

【例题 3-4】　某施工企业负责生产一批机械设备,合同总金额为 1 500 万元,合同约定的机械设备总数量为 100 台,每台机械设备的合同预计成本为 12 万元。在施工过程中,施工企业已经完成了 60 台机械设备的生产。请问,该施工企业应如何确认和计量当期累计的合同收入和合同成本?

$$合同完工进度＝60/100×100\%＝60\%$$
$$累计合同收入＝1\,500×60\%＝900(万元)$$
$$累计合同成本＝60×12＝720(万元)$$

【训练 3-10】 某施工企业承接了一项生产设备制造合同,合同总金额为 1 500 万元,合同约定需制造设备 100 台,每台设备的制造成本为 20 万元。在施工过程中,施工企业已经完成了 60 台设备的制造。求施工企业当期的合同收入和合同成本。

【训练 3-11】 某施工企业签订了一项大型机械设备的制造合同,合同总金额为 3 000 万元,合同约定需制造设备 200 台。在施工过程中,施工企业已经完成了 120 台设备的制造,且每台设备的实际制造成本为 15 万元。请问,该施工企业应如何确认和计量当期的合同收入和合同成本?

2. 当期合同收入与合同成本的确认与账务处理

当完工百分比确认后,当期确认的合同收入与合同成本的相关计算公式如下。

当期确认的合同收入＝合同总收入×完工进度－以前会计期间累计已确认的合同收入

当期确认的合同成本＝合同预计总成本×完工进度－以前会计期间累计已确认的合同成本

确认当期合同收入和合同成本时,编制会计分录如下。

借:合同结算—收入结转

　　贷:主营业务收入

借:主营业务成本

　　贷:合同履约成本—直接人工费

　　　　　　　　　—直接材料费

　　　　　　　　　—机械使用费

　　　　　　　　　—其他直接费

　　　　　　　　　—间接费用

【例题 3-5】 某施工企业承接了一项高速公路建设合同,合同总金额为 8 000 万元,预计合同总成本为 7 200 万元,合同工期为 3 年。在第二年结束时,施工企业已经完成了合同总工作量的 60\%,并且累计确认了 3 600 万元的合同收入和 3 240 万元的合同成本。在第三年,施工企业完成了剩余的合同工作量,并且实际发生的成本为 3 960 万元。请计算并确认该施工企业在第三年应确认的合同收入和合同成本,并编制相应的会计分录。

第三年应确认的合同收入＝合同总收入×完工进度－以前会计期间累计已确认的合同收入

＝8 000×100％－3 600

＝4 400(万元)

第三年应确认的合同成本＝合同预计总成本×完工进度－以前会计期间累计已确认的合同成本

＝7 200×100％－3 240

＝3 960(万元)

由于施工企业实际发生的成本为3 960万元,与应确认的合同成本相等,因此无须调整。编制相应的会计分录如下。

借:合同结算—收入结转	4 400万元
贷:主营业务收入	4 400万元
借:主营业务成本	3 960万元
贷:合同履约成本	3 960万元

(二) 建造合同的结果不能可靠地估计时,合同收入与合同成本的确认

当建造合同的结果不能可靠地估计时,施工企业不能采用完工百分比确认合同收入和合同成本。应分情况进行处理。

(1) 合同成本能够收回的,合同收入根据能够收回的实际合同成本予以确认,合同成本在其发生的当期确认为合同费用。

(2) 合同成本不能收回的,在发生时立即确认为合同费用,不确认合同收入。

【例题3-6】　某施工企业承接了一项大型桥梁建设合同,合同总金额为5亿元。由于地质条件复杂和技术难度高,施工企业无法可靠地估计合同的完工进度和总成本。

情况一:在施工过程中,施工企业第一年发生了2亿元的合同成本,双方均能履行合同规定的义务。

由于建造合同的结果不能可靠地估计,施工企业应采用已发生成本确认当期的合同收入和合同成本。会计分录如下。

借:主营业务成本	2亿元
贷:合同履约成本	2亿元
借:合同结算—收入结转	2亿元
贷:主营业务收入	2亿元

情况二:施工企业第二年发生了2亿元的合同成本,当年与客户只办理1.5亿元的价款结算,剩余0.5亿预计无法收回。

由于建造合同的结果不能可靠地估计,按实际发生成本确认合同费用,但无法收回的部分不能确认为合同收入。会计分录如下。

借:主营业务成本	2亿元
贷:合同履约成本	2亿元

借:合同结算—收入结转   1.5亿元
  贷:主营业务收入   1.5亿元

【训练3-12】 某建筑公司与业主签订了一项总金额为200万元的建造合同。第一年实际发生工程成本100万元,双方均能履行合同规定的义务。但建筑公司在年末时对该项工程的完工进度无法可靠估计。编制当年的收入和费用的会计分录。

若该公司当年与业主只办理工程价款结算40万元,由于业主出现财务危机,其余款项可能收不回来。编制当年的亏损和费用的会计分录。

【任务实施】

已知A工程和B工程合同收入价税合计分别为160万元、120万元(增值税税率9%),预计合同总成本分别为100万元、80万元,两个工程累计确认收入与成本为0。请根据2021年12月合同履约成本明细账完成12月A工程和B工程本月价款结算和收入费用的确认。

工程成本卡(合同履约成本)

项目:A工程

| 2021年 | | 凭证号数 | 摘要 | 成本项目 | | | | | 合计 |
月	日			人工费	材料费	机械费	其他直接费	间接费用	
12	31		1—30	110 000	6 250	15 280	7 000	13 354	151 884
			本月合计	110 000	6 250	15 280	7 000	13 354	151 884

工程成本卡(合同履约成本)

项目:B工程

| 2021年 | | 凭证号数 | 摘要 | 成本项目 | | | | | 合计 |
月	日			人工费	材料费	机械费	其他直接费	间接费用	
12	31		1—30	240 000	3 750	22 920	9 000	29 146	304 816
			本月合计	240 000	3 750	22 920	9 000	29 146	304 816

(1)计算A工程和B工程合同不含税金额。

（2）根据两个工程的合同履约成本明细账，计算本月完工百分比、合同收入与合同成本。

（3）编制确认两个工程合同收入和成本的会计分录。

（4）办理工程价款结算。12月30日，施工节点已完成主体结构，上报工程完工节点结算单，结算款价税合计75万元（税率9%），其中A工程为40万元，B工程为35万元，公司已开具发票给发包单位。

（5）收到上述工程结算款。1月5日，发包单位已将12月份工程结算款通过银行转账付讫。

【任务评价】

模块三 任务完成考核评价

项目名称	项目二 工程收入、费用与利润的核算	任务名称	任务一 掌握合同收入与合同成本的综合核算
班级		学生姓名	
评价方式	评价内容	分值	成绩
自我评价	【训练 3-7】完成情况		
	【训练 3-8】完成情况		
	【训练 3-9】完成情况		
	【训练 3-10】完成情况		
	【训练 3-11】完成情况		
	【训练 3-12】完成情况		
	【任务实施】完成情况		
	合计		
小组评价	本小组本次任务完成质量		
	个人本次任务完成质量		
	个人参与小组活动的态度		
	个人的合作精神与沟通能力		
	合计		
教师评价	个人所在小组的任务完成质量		
	个人本次任务完成质量		
	个人对所在小组的参与度		
	个人对本次任务的贡献度		
	合计		

总评＝自我评价×（ ）％＋小组评价×（ ）％＋教师评价×（ ）％＝

任务二 掌握期间费用与税费的核算

【任务设定】

掌握期间费用与税费的核算方法,确保工程成本的真实性和准确性。

【知识链接】

期间费用与税费是工程项目成本中不可或缺的一部分,正确核算期间费用与税费,对于确保工程成本的真实性和准确性至关重要。

一、期间费用的核算

期间费用是指在一定会计期间内发生的、与工程项目直接相关的费用。期间费用通常包括管理费用、财务费用、销售费用等。

（一）期间费用的核算内容

1. 管理费用

管理费用是指企业为组织和管理生产经营活动而发生的各种费用，包括但不限于下列费用。

（1）管理人员工资：支付给公司管理人员的工资及职工福利费。

（2）办公费用：如房租、水电费、办公用品等。

（3）差旅费用：包括员工出差的交通、住宿等费用。

（4）折旧费用：固定资产在使用过程中因磨损、老化等原因而减少的价值。

（5）开办费摊销：企业在筹建期间发生的开办费用，在生产经营期间按一定期限进行摊销。

（6）无形资产摊销：如专利权、商标权等无形资产的费用分摊。

（7）工器具使用费：公司管理使用的不属于固定资产的工具、器具、家具、交通工具、检验、试验、消防等用具的摊销及维修费用。

（8）劳动保护费：按规定标准发放给公司管理人员的劳动保护用品的购置费、洗理费、保健费、防暑降温费等。

（9）工会经费：按企业规定标准计提的工会经费。

（10）职工教育经费：按企业规定标准计提的职工教育经费，用于提高员工职业技能和素质的培训和教育活动。

（11）业务招待费：开展业务经营活动需要而支付的招待费用。

（12）咨询费：聘请专业机构或顾问为公司提供咨询服务而支付的费用。

（13）诉讼费：因起诉或应诉而发生的费用。

（14）税金：企业按照规定支付的房产税、车船使用税、土地使用税、印花税等。

（15）技术转让费：企业使用非自有技术而支付的费用。

（16）研究与开发费：企业进行新产品、新技术、新工艺研发所发生的费用。

（17）坏账损失：企业因应收账款无法收回而发生的损失。

（18）存货盘亏或毁损处理：存货在盘点过程中发现盘亏或毁损所产生的损失。

（19）其他费用：不属于以上各项的其他管理费用，例如职工失业保险费、劳动保险费、财产保险费、住房公积金、咨询费用、审计费用等。

上述费用发生时，应当计入当期损益，即计入管理费用科目，并在利润表中反映出来。

2. 财务费用

财务费用是指企业为筹集资金而发生的各种费用，如企业经营期间发生的短期借款利息支出、汇兑损失、金融机构手续费，以及企业为筹集资金发生的其他财务费用。这些费用通常根据实际发生额进行核算，并按照资金使用的工程项目进行分摊。

3. 销售费用

销售费用是指企业在销售产品或提供服务过程中发生的各种费用,如销售人员工资、广告费、宣传费、展览费以及专设的销售机构的费用等。这些费用同样根据实际发生额进行核算,并按照与工程项目相关的销售活动进行分摊,并于月末转入"本年利润"账户。建筑企业如发生的销售费用较少可不设此账户,在费用发生时计入"管理费用—销售费用"科目。

(二)期间费用的账户设置

为了准确核算期间费用,企业应设置相应的账户进行记录。常见的期间费用账户包括管理费用、财务费用和销售费用等。这些账户用于记录不同性质的期间费用,并在会计期末进行汇总和结转。

1. 管理费用账户

管理费用账户如表 3-14 所示。

表 3-14　管理费用账户

借　方	贷　方
企业为组织和管理生产经营活动而发生的各种费用的增加	期末结转至"本年利润"账户导致金额的减少

(1)性质:损益类账户。

(2)结构:借增贷减。

(3)核算内容:用于记录企业为组织和管理生产经营活动而发生的各种费用,如管理人员工资、办公费用、差旅费用等。该账户借方登记企业为组织和管理生产经营活动而发生的各种费用的增加,贷方登记期末转入"本年利润"账户导致金额的减少,期末结转后该账户无余额。

(4)明细科目设置:为了更详细地反映和管理各项管理费用,企业可以在"管理费用"账户下设置多个明细科目,如管理人员工资、办公费用、差旅费用等。这些明细科目将用于记录各项费用的具体发生额,以便进行后续的核算和分析。

2. 财务费用账户

财务费用账户如表 3-15 所示。

表 3-15　财务费用账户

借　方	贷　方
企业为筹集资金而发生的各种费用的增加	期末结转至"本年利润"账户导致金额的减少

(1)性质:损益类账户。

(2)结构:借增贷减。

(3)核算内容:用于记录企业为筹集资金而发生的各种费用,如利息支出、汇兑损失、金融机构手续费等。该账户借方登记企业为筹集资金而发生的各种费用的增加,贷方登记期末转入"本年利润"账户导致金额的减少,期末结转后该账户无余额。财务费用贷方核算的转出数,可依据"财务费用"科目贷方发生额分析填列。

(4)明细账户设置:为了更详细地反映财务费用的构成,企业可以在"财务费用"账户下设置多个明细科目,如利息支出、汇兑损失、金融机构手续费等。

3. 销售费用账户

销售费用账户如表 3-16 所示。

表 3-16 销售费用账户

借 方	贷 方
企业在销售产品或提供服务过程中发生的各种费用的增加	期末结转至"本年利润"账户导致金额的减少

（1）性质:损益类账户。

（2）结构:借增贷减。

（3）核算内容:用于记录企业在销售产品或提供服务过程中发生的各种费用,如销售人员工资、广告费、宣传费等。该账户借方登记企业在销售产品或提供服务过程中发生的各种费用的增加,贷方登记期末转入"本年利润"账户导致金额的减少,期末结转后该账户无余额。

（4）明细账户设置:为了更详细地反映销售费用的构成,企业可以在"销售费用"账户下设置多个明细科目,如销售人员工资、广告费、宣传费等。

（三）期间费用的账务处理

在进行期间费用的账务处理时,会计人员需要遵循一定的会计原则和方法,确保核算的准确性和规范性。期间费用账务处理的一般步骤如下。

1. 费用发生时的记录

当期间费用发生时,会计人员应根据原始凭证(如发票、收据等)及时记录相关费用。对于管理费用、财务费用和销售费用,应分别记入相应账户的借方。

2. 期末费用结转的处理

报告日,会计人员需要将期间费用从"期间费用"账户结转到"本年利润"账户的借方。这样可以将期间费用纳入企业的利润总额中进行核算和报告。

【训练 3-13】 某建筑企业在 2023 年 4 月份发生以下期间费用:管理人员工资 20 000 元,办公费用 5 000 元,差旅费用 3 000 元,折旧费用 8 000 元,无形资产摊销 2 000 元,业务招待费 2 500 元,借款利息支出 5 000 元。请根据上述资料编制相应的会计分录。

二、税费的核算

税费是指企业按照国家规定应当缴纳的各种税金和附加。在工程项目中,常见的税费包括增值税、企业所得税、城市维护建设税、教育费附加等。

（一）税费的核算内容

1. 增值税

增值税是以商品(含应税劳务)在流转过程中产生的增值额作为计税依据而征收的一

种流转税。在工程项目中,增值税通常根据工程合同金额和进度进行计算和缴纳。

2. 企业所得税

企业所得税是对企业生产经营所得和其他所得征收的一种税。在工程项目中,企业所得税通常根据工程项目的利润额进行计算和缴纳。

3. 城市维护建设税和教育费附加

城市维护建设税和教育费附加是根据企业应缴纳的增值税和消费税计算缴纳的附加税费。这些税费通常与增值税一并计算和缴纳。

(二)税费的会计处理

对于税费的会计处理,企业需要按照税法的规定,正确计算各种税费的应缴金额,并及时进行会计处理。常见的税费会计处理方法如下。

1. 增值税的会计处理

企业应按照工程合同金额和进度计算应缴纳的增值税,并在会计处理上,将增值税作为应交税费的一种进行记录。当企业收到工程款项时,应将增值税的金额从收款中分离出来,并贷记"应交税费—应交增值税"账户。当企业实际缴纳增值税时,应借记"应交税费—应交增值税"账户,贷记银行存款等账户。

2. 企业所得税的会计处理

企业所得税的计算和缴纳通常与企业的利润核算密切相关。企业应在会计期末,根据利润表中的利润总额计算应缴纳的企业所得税,并将所得税的金额贷记"应交税费—应交所得税"账户。当企业实际缴纳企业所得税时,应借记"应交税费—应交所得税"账户,贷记银行存款等账户。

3. 城市维护建设税和教育费附加的会计处理

城市维护建设税和教育费附加的计算和缴纳通常与增值税的缴纳同步进行。企业应在缴纳增值税的同时,按照规定的比例计算应缴纳的城市维护建设税和教育费附加,并将这些金额贷记"应交税费—应交城市维护建设税"和"应交税费—应交教育费附加"等账户。当企业实际缴纳这些税费时,应借记相应的"应交税费"账户,贷记银行存款等账户。

【任务实施】

某建筑有限公司2022年6月份发生以下经济业务,请完成相关账务处理。

1. 报销办公费用

6月1日报销办公用品费用1 800元,现金支付款项。

2. 报销招待费

6月5日,公司总部办公室报销楼层封顶招待费6 800元,现金支付。

3. 产生利息费用

6月15日,计提企业购置设备而向银行借款产生的利息费用,借款金额10万元,年利率10％,借款期限3个月。

4. 计提折旧

6月28日,计提固定资产折旧,其中工地折旧费8 000元,总部折旧费6 000元。

5. 支付水电费

6月30日,以银行存款支付本月水电费,其中工地水电费7 200元,总部水电费1 400元。

6. 缴纳公司本月通信费

6月30日,缴纳总部通信费1 000元,现金支付。

7. 报销差旅费

6月30日,总部员工陈民报销差旅费,共计1 800元,余额退回。

8. 计算并结转本月增值税

6月30日,计算本月应纳增值税税额,完成应纳增值税计算表(见表3-17),并结转未交增值税。

表 3-17 应纳增值税计算表

编制单位:×××建筑有限公司　　　　日期:2022 年 6 月 30 日　　　　　　　　单位:元

日期	进项税额	销项税额	进项税额转出	应纳税额
2022-6-30	1 642 625.69	2 226 640	1 677	

制表人:

9.计提本月附加税

6月30日,计算本月附加税,完成应交附加税计算表(见表3-18)。

表 3-18 应交附加税计算表

日期:2022 年 6 月 30 日   单位:元

序号	计提税费种类	纳税基数	税率	应纳税额
1	城市维护建设税		7%	
2	教育费附加		3%	
3	地方教育费附加		2%	
4	合计			

注:金额保留两位小数   制表:

【任务评价】

模块三 任务完成考核评价

项目名称	项目二 工程收入、费用与利润的核算		任务名称	任务二 掌握期间费用与税费的核算
班级			学生姓名	
评价方式	评价内容		分值	成绩
自我评价	【训练3-13】完成情况			
	【任务实施】完成情况			
	合计			
小组评价	本小组本次任务完成质量			
	个人本次任务完成质量			
	个人参与小组活动的态度			
	个人的合作精神与沟通能力			
	合计			
教师评价	个人所在小组的任务完成质量			
	个人本次任务完成质量			
	个人对所在小组的参与度			
	个人对本次任务的贡献度			
	合计			

总评=自我评价×( )%+小组评价×( )%+教师评价×( )%=

任务三 掌握利润的核算

【任务设定】

掌握施工企业利润的核算方法,全面了解企业盈利状况,为企业经营决策提供依据。

【知识链接】

施工企业利润的核算是企业管理的重要环节,通过准确核算利润,可以全面了解企业的盈利状况,为经营决策提供有力支持。

一、利润的概念及构成

(一) 利润的概念

利润是指企业在一定会计期间内,经营活动所产生的收入扣除各项费用和成本后的净收益。对于施工企业而言,利润主要由工程结算收入、其他业务收入、营业外收入等构成,同时要扣除工程结算成本、期间费用、税费等各项支出。

(二) 利润的构成

1. 利润总额

利润总额是指企业在一定会计期间内,经营活动所产生的收入扣除各项费用和成本后的净收益总额,包括营业利润、营业外收入和营业外支出等部分。其中,营业外收入指与企业主营业务无关的非经营性收入,如资产处置收入、政府补助等。营业外支出指与企业主营业务无关的非经营性支出,如罚款、捐赠等。

计算公式如下。

$$利润总额 = 营业利润 + 营业外收入 - 营业外支出$$

2. 营业利润

营业利润是指企业主营业务和其他业务活动所产生的利润,由主营业务收入、其他业务收入等扣除相应的成本、费用和税金后得出。相关计算公式如下。

$$营业利润 = 营业收入 - 营业成本 - 期间费用 - 税金及附加$$
$$营业收入 = 主营业务收入 + 其他业务收入$$
$$营业成本 = 主营业务成本 + 其他业务成本$$

主营业务收入是指施工企业根据工程合同规定,向业主或发包方结算的工程进度款和竣工结算款;其他业务收入是指施工企业除工程结算收入之外的其他业务收入,如材料销售、设备租赁等;营业成本是指施工企业在工程实施过程中发生的各项成本,包括直接成本和间接成本;期间费用是指施工企业在一定会计期间内发生的与生产经营活动有关的各项费用,如管理费用、财务费用和销售费用等;税金及附加是指施工企业按照国家规定应当缴纳的各种税金和附加,如增值税、城市维护建设税、教育费附加等。

3. 净利润

净利润是指企业利润总额扣除所得税费用后的净收益。净利润是指企业最终的经营成果,反映了企业在一定会计期间内的实际盈利水平。净利润计算公式如下。

$$净利润＝利润总额－所得税费用$$

净利润是企业最终的经营成果,反映了企业在一定会计期间内的实际盈利状况。所得税费用是企业按照税法规定应当缴纳的所得税,是利润总额扣除各种免税项目后的应纳税所得额与适用所得税税率的乘积。

二、利润核算的会计处理

(一)利润核算的账户设置

除需要设置主营业务收入、其他业务收入、主营业务成本、其他业务成本账户,以及管理费用、财务费用、销售费用三大期间费用账户之外,还需要设置营业外收入、营业外支出、本年利润、税金及附加、所得税费用、利润分配等账户。

1. 营业外收入账户

营业外收入账户如表 3-19 所示。

表 3-19　营业外收入账户

借　方	贷　方
期末转入"本年利润"账户的数额	施工企业确认的各类营业外收入

(1)性质:损益类账户。

(2)结构:借减贷增。

(3)核算内容:用于核算施工企业非日常活动所形成的、会导致所有者权益增加的、与所有者投入资本无关的经济利益的流入。该账户贷方登记施工企业确认的各项营业外收入,包括非流动资产处置利得、非货币性资产交换利得、债务重组利得、政府补助、盘盈利得、捐赠利得等;借方登记期末转入"本年利润"账户的数额,期末结转后该账户无余额。

(4)明细账户设置:该账户应按照营业外收入的具体项目设置对应的二级明细账户进行明细核算。

2. 营业外支出账户

营业外支出账户如表 3-20 所示。

表 3-20　营业外支出账户

借　方	贷　方
施工企业确认的各类营业外支出	期末转入"本年利润"账户的数额

(1)性质:损益类账户。

(2)结构:借增贷减。

(3)核算内容:用于核算施工企业非日常活动所发生的、会导致所有者权益减少的、与向所有者分配利润无关的经济利益的流出。该账户借方登记施工企业确认的各项营业外支出,包括非流动资产处置损失、非货币性资产交换损失、债务重组损失、公益性捐赠支出、非常损失、盘亏损失等;贷方登记期末转入"本年利润"账户的数额,期末结转后该账户无余额。

（4）明细账户设置：该账户应按照营业外支出的项目设置对应的二级明细账户进行明细核算。

3．本年利润账户

本年利润账户如表 3-21 所示。

表 3-21 本年利润账户

借　方	贷　方
企业本期发生的各项费用与支出	企业本期实现的各项收入
本期净利润的结转	本期净亏损的结转

（1）性质：损益类账户。

（2）结构：借减贷增。

（3）核算内容：用于核算施工企业本年度实现的净利润（或发生的净亏损）。该账户贷方登记企业本期实现的各项收入，包括主营业务收入、其他业务收入、营业外收入等；借方登记企业本期发生的各项费用与支出，包括主营业务成本、税金及附加、期间费用、营业外支出、所得税费用等。年度终了，应将本年收入和支出相抵后结出的本年实现的净利润，转入"利润分配"账户，借记本账户，贷记"利润分配—未分配利润"账户；如为净亏损，则做相反的会计分录。结转后本账户应无余额。

（4）明细科目设置：该账户一般不设置明细科目。

4．税金及附加账户

税金及附加账户如表 3-22 所示。

表 3-22 税金及附加账户

借　方	贷　方
企业按规定计算确定的与经营活动相关的税费	期末转入"本年利润"账户的数额

（1）性质：损益类账户。

（2）结构：借增贷减。

（3）核算内容：用于核算施工企业经营活动发生的消费税、城市维护建设税、教育费附加、地方教育费附加等相关税费。该账户借方登记企业按规定计算确定的与经营活动相关的税费；贷方登记期末转入"本年利润"账户的数额，期末结转后该账户无余额。

（4）明细科目设置：该账户应按照税费种类设置对应的二级明细账户进行明细核算。

5．所得税费用账户

所得税费用账户如表 3-23 所示。

表 3-23 所得税费用账户

借　方	贷　方
企业应计入当期损益的所得税费用	期末转入"本年利润"账户的数额

（1）性质：损益类账户。

（2）结构：借增贷减。

（3）核算内容：用于核算施工企业根据所得税准则确认的、应从当期利润总额中扣除的所得税费用。该账户借方登记企业应计入当期损益的所得税费用；贷方登记期末转入"本年利润"账户的数额，期末结转后该账户无余额。企业应按照会计准则中关于所得税会计处理的有关规定，计算确定当期所得税和递延所得税后，记入该账户借方或贷方。

（4）明细账户设置：该账户应当按照当期所得税费用、递延所得税费用进行明细核算。

6. 利润分配账户

利润分配账户如表 3-24 所示。

表 3-24　利润分配账户

借　　方	贷　　方
企业利润的分配数（如应付股利、转作股本的股利等）及年终从本年利润账户结转的当年净亏损	企业利润转入数额及按规定从利润中提取的盈余公积

（1）性质：所有者权益类账户，其主要用途是调整"本年利润"科目。

（2）结构：借减贷增。

（3）核算内容：用于核算施工企业利润的分配（或亏损的弥补）和历年分配（或弥补）后的积存余额。该账户贷方登记企业利润转入数额及按规定从利润中提取的盈余公积等；借方登记企业利润的分配数（如应付股利、转作股本的股利等）及年终从本年利润账户结转的当年净亏损。年度终了，企业应将全年实现的净利润，自"本年利润"账户转入该账户，借记"本年利润"账户，贷记该账户（如为净亏损则做相反的会计分录）；同时，将"利润分配"账户下的其他明细账户的余额转入该账户下的"未分配利润"明细账户，结转后该账户除"未分配利润"明细账户外，其他各明细账户应无余额。

（4）明细账户设置：该账户应分别设置提取法定盈余公积、提取任意盈余公积、应付现金股利、盈余公积补亏、转作股本的股利、未分配利润等二级明细账户进行明细核算。

（二）利润核算的流程

施工企业利润核算的账务处理，主要包括以下几个步骤。

1. 收入确认

施工企业应根据工程合同规定，按照工程进度或完成程度确认工程结算收入，并将其记录在"主营业务收入"账户中。同时，其他业务收入如材料销售、设备租赁等也应相应确认并记录在"其他业务收入"账户中。营业外收入（如固定资产盘盈、处置固定资产净收益等）也应及时确认并记录在"营业外收入"账户中。会计分录编制如下。

借：合同资产/应收账款/银行存款

　　贷：主营业务收入/其他业务收入/营业外收入

　　　　应交税费—应交增值税（销项税额）

2. 费用与成本归集与分配

施工企业应将工程实施过程中发生的各项成本，包括直接成本和间接成本，记录在"主营业务成本"账户中。期间费用如管理费用、财务费用和销售费用等应分别记录在相应的账户中。营业外支出如罚款支出、捐赠支出、非常损失等也应记录在"营业外支出"账户中。税金及附加如增值税、城市维护建设税、教育费附加等应记录在"税金及附加"账户中。所得税费用应根据企业所得税法的规定,计算并记录在"所得税费用"账户中。月末,施工企业按照一定的分配标准完成相应成本费用的分配。会计分录编制如下。

（1）成本归集。

借:合同履约成本

机械作业

辅助生产成本

管理费用

营业外支出

税金及附加

　　贷:原材料/应付职工薪酬/银行存款/应付账款等

（2）成本分配。

借:合同履约成本—××项目—机械使用费

　　贷:机械作业

借:合同履约成本—××项目—间接费用

　　贷:合同履约成本—间接费用

3.收入与成本结转

报告日,施工企业应根据工程完工进度计算并确认合同收入与合同成本。会计分录编制如下。

借:主营业务成本

　　贷:合同履约成本

借:合同结算

　　贷:主营业务收入

4.利润和所得税计算

施工企业应在每个会计期末,根据"本年利润"账户的贷方余额或借方余额,计算出企业的利润总额或亏损总额。同时,应将所得税费用从利润总额中扣除,得出净利润或净亏损。会计分录编制如下。

（1）将所有损益类科目结转至"本年利润"账户。

借:主营业务收入

其他业务收入

营业外收入等

　　贷:本年利润

借:本年利润

　　贷:主营业务成本

其他业务成本

营业外支出

管理费用

财务费用

销售费用

（2）根据利润总额，计提所得税费用，同时结转至"本年利润"账户。结转后本年利润的贷方余额为当年实现的净利润，借方余额为当期发生的净亏损。会计分录编制如下。

借：所得税费用
　　贷：应交税费—应交所得税
借：本年利润
　　贷：所得税费用

5．期末结转

在会计期末，施工企业应将"本年利润"账户下的其他明细账户的余额转入"利润分配—未分配利润"明细账户，结转后，"本年利润"账户应无余额。该步骤的完成标志着施工企业利润核算的完成，同时也是下一个会计期间利润核算的起点。会计分录编制如下。

借：本年利润
　　贷：利润分配—未分配利润

若本年利润为亏损，则做相反分录。

6．利润分配

施工企业应根据公司章程和股东会决议，按照规定的程序和比例，进行利润分配。利润分配的主要项目包括提取法定盈余公积、提取任意盈余公积、分配股利等。这些分配项目应分别记录在"利润分配"账户的相应子科目中。会计分录编制如下。

（1）提取法定盈余公积及任意盈余公积。

借：利润分配—法定盈余公积
　　　　　　—任意盈余公积
　　贷：盈余公积—法定盈余公积
　　　　　　　　—任意盈余公积

（2）分配股利。

借：利润分配—应付股利
　　贷：应付股利

7．年末结转

年度终了，施工企业除应将"本年利润"账户的余额全部转入"利润分配—未分配利润"明细账户之外，还要对"利润分配"账户的其他明细账户进行结转，确保除"未分配利润"明细账户外，其他各明细账户均无余额。会计分录编制如下。

借：本年利润
　　贷：利润分配—未分配利润（如为亏损则做相反的会计分录）
借：利润分配—未分配利润
　　贷：利润分配—提取法定盈余公积
　　　　　　　　—提取任意盈余公积
　　　　　　　　—应付现金股利
　　　　　　　　—盈余公积补亏
　　　　　　　　—转作股本的股利

8. 编制报表

施工企业应定期编制利润表和利润分配表,全面反映企业的盈利状况和利润分配情况。利润表应列示企业各项收入、费用、利润等项目的金额和比例,以及净利润或净亏损的计算过程。利润分配表应列示企业利润分配的各个项目和金额,以及利润分配后的余额情况。

通过以上步骤,施工企业可以完成利润核算的账务处理工作。在实际操作中,施工企业还需要注意遵守会计制度和相应税法的规定,确保核算的准确性和合规性。同时,施工企业还应加强对利润的分析和预测,为经营决策提供有力支持。

三、利润的分析与评价

通过对施工企业利润的分析和评价,可以全面了解企业的盈利状况和经营绩效,为企业的经营决策和未来发展提供参考。常见的利润分析和评价方法如下。

(一)利润水平分析

通过计算利润率、毛利率等指标,分析施工企业的盈利水平,了解企业在同行业中的竞争地位。

(二)利润结构分析

通过分析各项收入和费用的构成比例,了解企业的利润结构特点,为优化经营策略提供依据。

(三)利润趋势分析

通过对比不同会计期间的利润数据,分析企业利润的变化趋势,预测企业未来的盈利前景。

(四)利润与现金流量分析

通过对比企业的利润和现金流量数据,分析企业的盈利质量和现金流状况,评估企业的偿债能力和经营风险。

(五)利润与资产负债分析

通过对比企业的利润和资产负债数据,分析企业的资产运营效率和财务风险,为企业的财务管理和风险防范提供指导。

通过以上分析和评价方法,施工企业可以全面了解自身的盈利状况和经营绩效,为经营决策和未来发展提供有力支持。同时,施工企业还需要加强内部控制和风险管理,提高盈利水平和市场竞争力。

【任务实施】

(1)某施工企业在某会计期间内发生了如下经济业务,请完成会计分录的编制。

①与业主结算工程进度款100万元,款项已收到并存入银行。

②购买工程用材料一批,价款 50 万元,款项已支付。

③支付本月员工工资 20 万元。

④收到材料销售款项 10 万元,款项已存入银行。

⑤支付本月水电费 5 万元。

⑥因违约支付罚款 3 万元。

⑦计提本月固定资产折旧费 10 万元。

⑧计算并缴纳本月增值税 8 万元。

⑨计算并缴纳本月所得税费用 20 万元。

（2）根据以上会计处理计算本会计期间的利润总额和净利润,并完成相应会计分录的编制。

【任务评价】

模块三　任务完成考核评价				
项目名称	项目二　工程收入、费用与利润的核算		任务名称	任务三　掌握利润的核算
班级			学生姓名	
评价方式	评价内容		分值	成绩
自我评价	【任务实施】完成情况			
	合计			

评价方式	评价内容	分值	成绩
小组评价	本小组本次任务完成质量		
	个人本次任务完成质量		
	个人参与小组活动的态度		
	个人的合作精神与沟通能力		
	合计		
教师评价	个人所在小组的任务完成质量		
	个人本次任务完成质量		
	个人对所在小组的参与度		
	个人对本次任务的贡献度		
	合计		

总评＝自我评价×（　　）％＋小组评价×（　　）％＋教师评价×（　　）％＝

项目三　项目综合实训

任务一　振兴建筑有限公司工程竣工结算案例分析

【案例背景】

振兴建筑有限公司受都安县政府委托承担了某少数民族自治县道路工程(200 千米,合同收入 930 万元)和码头工程(980.78 平方米,合同收入 1 100 万元)施工任务,工期 5 个月,2022 年 2 月 1 日开始施工,截至 2022 年 5 月 31 日(累计 4 个月),账户余额统计如表 3-25 所示。

表 3-25　账户余额统计

会 计 账 户	借方余额/元	贷方余额/万元	备　　注
主营业务收入		道路工程＋码头工程 ＝800＋950＝1 750	1. 道路工程合同收入 930 万元。 2. 码头工程合同收入 1 100 万元。 3. 无任何预付款。 4. 双方均能履行各自义务
主营业务成本	道路工程＋码头工程 ＝5 581 321.65＋6 150 030.46 ＝11 731 352.1		
合同结算—道路工程		850	
合同结算—码头工程		900	

(1)本月办理最后一笔结算款,请分别结算道路工程和码头工程。几日后,业主通过银行存款付讫结算款。

道路工程本月结算金额＝

码头工程本月结算金额＝

会计分录:道路工程办理结算与收到结算款。

会计分录:码头工程办理结算与收到结算款。

（2）本月进度已达100％，请计算并确认本月的主营业务收入、主营业务成本。

道路工程的主营业务收入＝

道路工程的主营业务成本＝

会计分录：确认道路工程的收入、成本。

码头工程的主营业务收入＝

码头工程的主营业务成本＝

会计分录：确认码头工程的收入、成本。

（3）完成成本报表与财务报表的编制（见表3-26～表3-30）。

表 3-26　道路工程成本编制底稿辅助统计表（科目明细汇总）

项　目	人工费/元	材料费/元	机械使用费/元	其他直接费/元	间接费用/元	工程成本合计/元
第1～4个月（2022年2月—2022年5月）						
第5个月（2022年6月）						
合计						

表 3-27　道路工程竣工成本决算表

发包单位				开工日期	
工程名称				竣工日期	
建筑面积				金额/元	
成本项目	预算成本	实际成本	降低额	降低率/（％）	简要说明
人工费	1 000 000				
材料费	6 100 000				
机械使用费	404 500				
其他直接费	145 000				
间接费用	506 000				
工程成本总计	8 155 500				

表 3-28　码头工程成本编制底稿辅助统计表（科目明细汇总）

项目	人工费/元	材料费/元	机械使用费/元	其他直接费/元	间接费用/元	工程成本合计/元
第 1～4 个月（2022 年 2 月—2022 年 5 月）						
第 5 个月（2022 年 6 月）						
合计						

表 3-29　码头工程竣工成本决算表

发包单位				开工日期	
工程名称				竣工日期	
建筑面积				金额/元	
成本项目	预算成本	实际成本	降低额	降低率/(%)	简要说明
人工费	1 100 000				
材料费	6 600 000				
机械使用费	420 000				
其他直接费	250 000				
间接费用	700 000				
工程成本总计	9 070 000				

表 3-30　利润表

编制单位：振兴建筑有限公司　　　　　　2022 年 6 月　　　　　　单位：元

项　目		本　月　数	累　计　数
一、主营业务收入	减：主营业务成本		
	税金及附加	42 500	
	销售费用	0	
	管理费用	39 413	
	财务费用	18 733	
	资产减值损失	0	
	加：公允价值变动	0	
	投资收益	0	

项　　目		本　月　数	累　计　数
二、营业利润	加:营业外收入	33 396	
	减:营业外支出	20 000	
三、利润总额	减:所得税费用(25%)		
四、净利润			

注:利润均为两个工程合计。

任务二　信达建筑有限公司工程成本核算业务实操

【案例背景】

假设你是信达建筑有限公司的成本会计,负责公司新承接的××工程项目(包括建造商场工程与建造住宅工程),请完成公司 4 月份工程成本核算任务。

1. 办理结算,并预缴税款

4 月 30 日,达到合同约定结算节点,项目部根据完工节点结算单上报,监理单位签署意见,报给甲方签字确认支付 480 万元,其中,商场工程192 万元(不含税金额 1 761 467.89)、住宅工程 288 万元(不含税金额2 642 201.83)。乙方开具发票,乙方须在项目地按 2%税率预缴增值税,项目个税暂按 1%缴纳,按照开票金额的 0.2%预缴企业所得税(具体根据当地地税部门收取标准)。

四月份经济业务
33—38 笔业务

2. 收到工程结算款

4 月 30 日,收到甲方支付的 480 万元工程结算款。

3. 计算本月增值税

4 月 30 日,计算未交增值税,并填写下表。

金额:元

项目	进项税额	销项税额	进项税额转出	减免税额	本月未交增值税
增值税					
合计					

4. 完工百分比法确认收入、成本

4 月 30 日,项目价税合计总金额 1 600 万元(商场工程 640 万元,住宅工程 960 万元),预计总成本 1 200 万元(商场工程 480 万元,住宅工程 720 万元),根据完工百分比确认收入、成本。

5. 结转本期损益

4月30日,结转本期损益。

提示:运用财务软件自带的"期末结转"功能即可完成结转。

6. 报表编制

编制资产负债表和利润表。

模 块 小 结

本模块思维导图如图3-1所示。

本模块主要介绍了工程成本结算的定义和重要性、工程成本结算的方法和技巧以及工程成本竣工决算的理论知识。首先,工程成本结算是指在工程项目实施过程中,根据合同规定和工程进度,对已完成工程部分的预算成本和实际成本进行计算、核对和确认的过程。通过工程成本结算,可以及时了解工程项目的成本情况,为项目的决策提供有力支持,同时也是竣工决算的基础。

其次,工程竣工决算不仅仅是对工程项目成本的简单汇总,更是对工程项目经济效益和财务状况的全面评估。通过工程竣工决算,我们可以清楚地了解工程项目的成本构成,分析成本控制的得失,以及评估工程项目的工程投资回报率和利润率等指标。工程竣工决算对于企业的决策和发展具有重要的指导意义。竣工决算的内容涵盖了工程项目的各个方面,从工程项目概况到工程成本核算,再到经济效益分析和财务状况评估,每一步都至关重要。我们需要收集全面的资料,确保数据的准确性和完整性。同时,还需要运用专业的知识和技能,对数据进行深入分析和汇总,以得出真实、准确的决算结果。工程竣工决算需要遵循一定的步骤和规则,从收集资料到编制决算报告,再到审核确认和归档保存,每一步都需要认真对待。特别是编制决算报告和审核确认环节,更需要我们发挥专业知识和技能,确保报告的真实性和合法性。

最后,竣工决算表的编制方法是完成工程竣工决算的关键。根据工程项目的实际情况确定表格结构,填写表头信息及表身数据,进行汇总分析,填写表尾信息并进行审核确认和归档保存。在编制过程中,应注重数据的准确性和完整性,同时还需要运用专业的知识和技能,对数据进行深入分析和汇总。

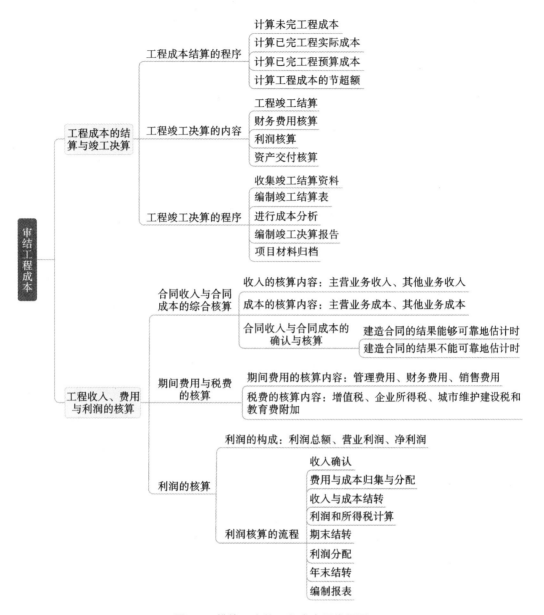

图 3-1　模块三审结工程成本思维导图

　　综上所述,理解和掌握工程竣工决算的概念、内容和程序,以及竣工决算表的编制方法,对于工程项目的成本管理和效益评估具有重要意义。通过实际应用这些知识,我们可以更好地管理工程项目的成本,评估工程项目的经济效益和财务状况,为企业的决策和发展提供有力支持。因此,应该深入学习和掌握这些知识,不断提高自己的专业素养和实践能力,为企业的发展贡献自己的力量。

模块四 深析工程成本

知识目标

1. 了解工程成本分析的概念与意义。

2. 熟悉工程成本分析的类别。

3. 熟悉影响工程成本的常见因素，以及影响工程成本的内部因素和外部因素主要区别。

4. 掌握工程成本分析的技术方法。

能力目标

能够根据项目的实际需求，选择合适的技术方法解决特定问题，并能够判断影响工程成本的因素属于内部因素还是外部因素。

素质目标

1. 培养学生严谨细致的工作态度，使其学会主动探索问题，发挥主观能动性。

2. 培养学生团队协作、管理统筹、沟通协调、自信表达的能力。

项目一 工程成本的分析

任务一 认识工程成本分析的类别及影响因素

【任务设定】

了解工程成本分析的概念与意义及工程成本分析的类别，能在工程成本管控的不同需求下确定工程成本分析的类别，能运用工程成本分析的技术方法解决特定问题。

一、工程成本分析的概念及意义

工程成本的
分析（一）

工程成本分析是指在工程项目实施过程中，对工程项目成本进行系统、全面、深入的分析和评估，以揭示成本变动的原因、规律和趋势，为工程成本管理和决策提供有力支持的过程。工程成本分析不仅有助于工程成本的有效控制和优化，还可以提高企业的经济效益和市场竞争力，具有重要的现实意义和长远价值。

我国施工企业总数庞大，且区域化发展的特点正在消失，同质化与高竞争是施工企业在市场中面临的重大难题。施工企业认识成本、计算成本并进行成本核算的最终目的是提质增效。具体来说，每个项目具有独特性，对经核算的项目成本进行分析，从个性中找出共性因素，挖掘有用信息，掌握企业的优势与不足，为日后改善施工、降低成本以及企业发展提供可靠依据。因此，准确且可靠的成本分析对施工企业的发展尤为重要。

工程成本分析的意义主要体现在以下几个方面。

（一）优化资源配置

工程成本分析能够帮助项目经理更好地理解项目所需的各种资源（如人力、物力、财力等）的数量和类型，从而进行更精确的资源分配。这不仅可以避免资源的浪费，还可以确保项目在需要的时候得到足够的资源支持。

（二）提高成本控制能力

通过对工程成本的深入分析，项目经理可以更好地预测和控制项目的成本。当发现成本超出预算时，可以迅速采取相应措施进行调整，确保项目的财务稳健性。

（三）风险评估与管理

工程成本分析还可以帮助项目经理识别项目中的潜在风险，如成本超支、资源短缺等。通过分析这些风险,项目经理可以制定相应的风险管理策略,确保项目的顺利进行。

（四）提升企业盈利能力

通过对每个项目的成本进行深入分析,企业可以了解哪些项目是有利可图的,哪些项目是需要改进的。工程成本分析有助于企业制定更精确的战略决策,提高整体盈利能力。

（五）改进项目管理流程

工程成本分析不仅要关注项目的直接成本,还要关注与项目相关的间接成本。通过对这些成本进行分析,企业可以发现项目管理流程中的不足,从而提高项目的运作效率和质量。

（六）增强企业竞争力

通过持续优化工程成本分析,企业可以在保证项目质量的同时降低成本,从而提高企业的竞争力。工程成本分析有助于企业在激烈的市场竞争中脱颖而出,赢得更多的市场份额。

二、工程成本分析的类别

工程成本按分析维度不同可以分为四类,如图 4-1 所示。

图 4-1　工程成本分析的类别

（一）按时间或进度进行分析

按时间进行分析,工程成本分析通常可以每周或者每月进行一次,从而准确地了解项目成本情况,避免由于成本控制不及时而造成的亏损。企业也可以根据项目实际需要在每个季度或者每年年末对项目成本进行一次分析。对于项目规模较大、较复杂的,一周内就能完成大量施工的情况,也可以将工程成本分析的周期缩短至两到三天一次。分析不及时会存在信息失真的可能,严重的会导致成本问题加剧;但过于频繁的分析会消耗大量的人力物力,带来不必要的成本增加,因此具体分析的时间间隔要根据项目类型、规模来合理决定。

按进度进行分析则是在各重要的施工节点或里程碑事件后进行分析,如分部分项工程通过验收后,可以对分部分项工程进行成本分析,如果是群体工程,每个单位工程完成后也可以进行成本分析。最后,项目通过竣工验收后可以对项目的总成本进行分析。

(二)按成本构成进行分析

按成本构成进行分析主要是将工程项目成本划分为人工费、材料费、机械使用费、其他直接费、间接费用等部分,然后针对每个部分进行深入的分析。这种分析方法可以帮助项目经理更好地理解各项费用在总成本中的占比,从而找出成本控制的关键点。例如,如果发现人工费超出了预算,项目经理可以考虑调整人员配置、提高工作效率或寻求更经济的劳动力来源。同样,如果材料费过高,项目经理可以考虑更换供应商、优化材料使用方案或采取其他措施来降低成本。

(三)按成本性质进行分析

按成本性质进行分析主要是将工程项目成本划分为固定成本和变动成本。固定成本是指在一定时期内不受工程量变化影响的成本,如管理人员工资、办公费用等;变动成本则随着工程量的变化而变化,如直接人工费、直接材料费等。通过对固定成本和变动成本的分析,项目经理可以更好地理解成本变化的规律,从而制定更精确的成本控制策略。例如,对于固定成本,项目经理可以通过优化管理流程、提高工作效率等方式来降低;而对于变动成本,项目经理则需要关注工程量变化对成本的影响,并采取相应的措施来控制成本。

(四)按问题导向进行分析

按问题导向进行分析是一种基于项目中出现的问题进行的成本分析。这种分析通常是由项目经理或成本控制人员根据项目实际运行中出现的问题,有针对性地开展分析,目的是找出发生该问题的原因,提出解决方案,并防止类似问题再次发生。按问题导向进行分析的内容涉及多个方面,如人工费超支、材料损耗过大、设备故障频繁等。针对这些问题,分析人员需要深入现场,了解实际情况,收集相关数据,并运用工程成本分析的技术方法进行深入研究。通过按问题导向进行分析,企业可以及时发现并纠正项目运行中的不足,提高项目的成本控制能力,确保项目的顺利进行。

三、影响工程成本的因素

项目施工成本具有独特性和复杂性,不同项目的工程成本会因项目特点而存在一定差异。影响工程成本常见的因素包括外部因素与内部因素。

(一)外部因素

外部因素是企业自身难以控制的因素,例如市场价格波动,政策变化等。外部因素通常可以归纳为以下六点。

1. 政治因素（political factors）

例如，在政局不稳定的国家，可能会由于突发的冲突导致项目损失，带来成本额外增加；再例如，政府的进出口限制可能会造成部分材料设备的成本提高。

2. 经济因素（economic factors）

市场价格的波动，如材料、人工、设备等的价格变化，会直接影响项目的成本；严重的通货膨胀会导致材料价格上涨；主要依赖进口的设备遇到汇率大幅度变动也会导致价格的快速变动，给成本带来不确定性。

3. 社会因素（social factors）

例如，在一些特殊地区施工，可能需要使用特定的工人，从而产生更多的成本。

4. 技术因素（technological factors）

例如，由于新型施工机械的上市带来施工效率的提高，从而使项目成本得到降低。

5. 法律因素（legislative factors）

政府的政策法规，如税收政策、环保政策、安全生产政策等，也会对项目的成本产生影响。例如，环保政策的加强可能导致项目需要投入更多的资金用于环保设施的建设和运行；新法律法规、标准、规范的出台，可能会导致人工、材料、机械的消耗量增加或减少。

6. 环境因素（environmental factors）

项目的自然条件，如地质、气候、水文等，也会对项目的成本产生影响。例如，在高原、海边、山地、沙漠施工，地质条件的复杂性可能导致基础施工难度增加，从而增加项目成本。

取上述六点因素英文首字母，可以简记为 PESTLE，对这六类因素内容的具体分析也被称为 PESTLE 分析。

（二）内部因素

内部因素通常是企业自身可以控制的，主要分为管理因素和技术因素。

1. 管理因素

管理因素是影响工程成本的重要内部因素之一。良好的管理可以优化资源配置，提高工作效率，降低成本。一些常见的管理因素如下。

（1）项目策划与组织。

项目策划与组织的好坏直接影响到项目的运行效率和成本控制。合理的项目策划和组织可以确保项目的顺利进行，避免资源浪费和成本超支。

（2）资源管理。

资源管理包括人力、物力、财力等方面的管理，有效的资源管理可以确保资源的合理配置和高效利用，降低项目的成本。

（3）进度管理。

进度管理对于项目的成本控制至关重要，合理的进度安排可以避免工期延误和成本增加，确保项目按时完成。

（4）质量管理。

质量管理是确保项目质量符合要求的重要手段，通过有效的质量管理，可以避免因质量问题导致的成本增加和工期延误。

（5）风险管理。

风险管理是预防和控制项目风险的关键，通过识别、评估和控制风险，可以降低项目成本的不确定性，确保项目的顺利进行。

2. 技术因素

技术因素也是影响工程成本的重要内部因素之一。先进的技术可以提高施工效率，降低成本。一些常见的技术因素如下。

（1）施工方案。

合理的施工方案可以确保施工的顺利进行，提高施工效率，降低成本。项目经理需要根据项目的实际情况选择合适的施工方案，并不断优化和完善。

（2）施工设备。

先进的施工设备可以提高施工效率和质量，降低人工成本和材料损耗。项目经理需要选择适合项目的施工设备，并加强设备的维护和保养。

（3）施工技术。

先进的施工技术可以提高施工效率和质量，降低施工成本。项目经理需要关注新技术的发展和应用，积极引进和推广先进的施工技术。

（4）信息化管理。

信息化管理可以提高项目管理效率和质量，降低管理成本。项目经理需要利用信息化手段对项目进行全过程管理，实现项目信息的实时共享和高效协同。

【任务实施】

请选择以下任一案例为对象，根据其竣工决算表及人工、材料、机械用量比较表，简要分析可能存在的影响成本的因素。

（1）模块三：项目一任务二【任务实施】中的篮球馆工程竣工决算表（参见表3-6）和人工、材料、机械用量比较表（参见表3-7）。

（2）模块三：项目三任务一中的道路工程竣工成本决算表（参见表3-27）和码头工程竣工成本决算表（参见表3-29）。

【任务评价】

模块四　任务完成考核评价			
项目名称	项目一　工程成本的分析	任务名称	任务一　认识工程成本分析的类别及影响因素
班级		学生姓名	
评价方式	评价内容	分值	成绩
自我评价	【任务实施】完成情况		
	合计		
小组评价	本小组本次任务完成质量		
	个人本次任务完成质量		
	个人参与小组活动的态度		

续表

评价方式	评价内容	分值	成绩
小组评价	个人的合作精神与沟通能力		
	合计		
教师评价	个人所在小组的任务完成质量		
	个人本次任务完成质量		
	个人对所在小组的参与度		
	个人对本次任务的贡献度		
	合计		

总评＝自我评价×（　）％＋小组评价×（　）％＋教师评价×（　）％＝

任务二　认识工程成本分析的技术方法

【任务设定】

了解并掌握工程成本分析的技术方法,学会运用恰当的方法对项目的成本情况进行分析。

工程成本分析常用的技术方法包括:对比分析法、因素分析法、构成比率分析法、相关指标分析法以及趋势分析法。

工程成本的分析(二)

一、对比分析法

对比分析法是将实际数与基数进行比较,找出成本差异之处的分析方法。对比分析法是一种结果容易理解、操作较为简单的方法,因此在成本分析方法中具有非常重要的地位。按照对比的目标不同,基数通常可以使用定额数、施工图预算、计划书、上期实际数、往期实际数均值、历史最优数以及行业最优数等。

【例题 4-1】　某项目材料实际消耗与定额数对比情况如表 4-1 所示,根据施工定额,对比完成某工程需要的定额消耗量与完成工程的实际消耗量,发现钢筋用量超支 0.02 吨,超支率为 0.92%;铁钉用量超支 0.16 千克,超支率 5.18%;电焊条用量节约了 0.42 千克,节支率 2.71%。

表 4-1　某项目材料实际消耗与定额数对比情况

材料	计量单位	定额用量	实际用量	节支（＋）或超支（－）	超支率或节支率
钢筋	吨	2.18	2.20	－0.02	－0.92%
铁钉	千克	3.09	3.25	－0.16	－5.18%
电焊条	千克	15.52	15.10	＋0.42	＋2.71%

进一步,将材料单价加入表格中后,可以得到以价格衡量的差异情况,如表4-2所示。

表4-2　某项目材料实际消耗与定额数对比情况(加入材料单价)

材　　料	定额用量	定额单价	实际用量	实际单价	节支(＋)或超支(－)
钢筋	2.18 吨	3 500.00 元	2.20 吨	3 690 元	－488 元
铁钉	3.09 千克	6.00 元	3.25 千克	5.80 元	－0.31 元
电焊条	15.52 千克	8.00 元	15.10 千克	7.80 元	＋6.38 元

在使用对比分析法时需要注意对比的数据之间应当具有可比性,这种可比性包括比较对象的可比性,计算单位、指标口径的可比性,以及指标类型的可比性。例如,定额消耗量是按照完成每10立方米的混凝土梁/柱确定的,则应当用实际完成10立方米的消耗量与定额做对比,而不是用1立方米的消耗量去做对比。

二、因素分析法

因素分析法是研究各因素,如用量、单价等,对成本指标影响程度的一种分析方法。因素分析法分为连环替代法和差额分析法。

(一) 连环替代法

连环替代法是一种通过逐个将因素从基数替换成实际数,并逐次计算对成本的影响值,根据影响值的大小找出主要因素的方法。具体操作以如下案例进行展示。

【例题4-2】　继续沿用【例题4-1】的案例,本例题以钢筋作为对象进行连环替代分析。

(1)第一步:确定分析对象,并计算实际数与计划数的差异。

材料	计划用量	计划单价	实际用量	实际单价	节约(+)或超支(-)
钢筋	2.18吨	3 500.00元	2.20吨	3 690元	－488元

(2)第二步:确定影响因素。本案例中用量和单价是影响钢筋费用的因素。

(3)第三步:以各个因素的计划数为基础,将各因素的计划数相乘,作为分析替代的基数。

$$基数 = 2.18 \times 3\ 500 = 7\ 630(元)$$

计划用量　　计划单价

(4)第四步:替代计算,计算步骤如下。

①第一次替代。将基数计算式中的计划用量替换为实际用量。

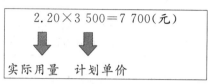

计算用量因素对成本的影响值结果为负值,表明用量因素增加了成本。

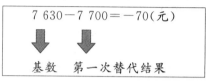

②第二次替代。将第一次替代式中的计划单价替换为实际单价。

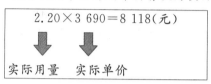

计算用量因素对成本的影响值结果为负值,表明用量因素增加了成本。

注意1:在第一次替代中已经用实际用量替代了计划用量,第二次替代要以上一次替代的结果为基础进行替代,因此叫连环替代法。如果存在更多因素,每一次替代均要以上一次替代的结果为基础。

注意2:连环替代法因素替代的前后顺序不同,影响的结果也不同,因此需要先替代数量因素后再替代质量因素,同类型指标的情况下先替代主要因素后替代次要因素。

(5)第五步:检验每次替代的影响值之和,并比对绝对值,判断主要因素。

第一次替代影响值:7 630－7 700＝－70(元)
第二次替代影响值:7 700－8 118＝－418(元)
－70＋(－418)＝－488(元)

(6)结论:结果与钢筋超差数一致,通过检验。

通过比较单价和用量两个因素的影响值的绝对值,绝对值大的是影响钢筋成本的主要因素,本案例中的主要因素是第二次替代的单价。

(二)差额分析法

差额分析法是根据连环替代法进行简化后形成的方法。差额分析法的优点是计算量较小,缺点是不如连环替代法准确。

连环替代法中的案例使用差额分析法步骤如下。

用量因素的影响:(2.18－2.20)×3 500＝－70(元)

单价因素的影响：$(3\,500-3\,690)\times2.20=-418$（元）

计划单价　实际单价　实际用量（已替换）

结论：经检查，影响结果与超差数一致。

三、构成比率分析法

构成比率分析法是通过计算某个成本项目占总成本的比重，来对成本异常情况进行分析的方法。如在施工项目中，将成本项目分成人工费、材料费、机械使用费、其他直接费、间接费用五部分，因此可以逐个计算其构成比率，相关计算公式如下。

$$人工费成本比率=\frac{人工费总成本}{项目总成本}\times100\%$$

$$材料费成本比率=\frac{材料费总成本}{项目总成本}\times100\%$$

一般而言，施工项目成本构成中材料费占比最高，其次是人工费、机械使用费，占比随着项目类型与项目规模存在一定幅度的波动。近年来由于人工成本的增加，部分项目的人工费成为占比最高的部分。利用构成比率分析法的原理，对分部分项工程、单位工程占整个施工项目的比例进行分析。土方工程成本比率计算公式如下。

$$土方工程成本比率=\frac{土方工程总成本}{项目总成本}\times100\%$$

构成比率分析法的意义在于通过检查各类成本占总成本的比重判定产品成本结构是否合理或找出成本异常之处。

四、相关指标分析法

相关指标分析法是通过计算各类指标，对成本正常情况与异常之处进行分析的方法，相关计算公式如下。

$$成本利润率=\frac{利润}{成本}\times100\%$$

$$产值成本率=\frac{成本}{产值}\times100\%$$

五、趋势分析法

趋势分析法是将相同类型的指标在不同时期的数据进行比较分析，以分析该指标的变化情况或据此预测未来的一种方法。如根据某地某类技术工人平均工资（见图 4-2）历史数据，可以预测 2025 年该地该类技术工人的工资预计为 380 元/天。

【任务实施】

振兴小学后勤楼项目建筑面积 2 780 平方米，振兴建筑有限公司以 653 万元投标报价成为中标人。项目通过竣工验收后，公司对项目进行了成本决算，形成的工程竣工成本决算表的部分内容如表 4-3 所示。

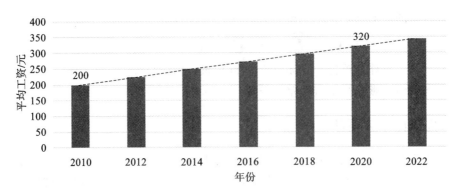

图 4-2　某地某类技术工人平均工资

表 4-3　振兴小学后勤楼工程竣工成本决算表（部分）

工程名称	振兴小学后勤楼	
建筑面积	2 780 平方米	
成本项目	预算成本/元	实际成本/元
人工费	756 160	721 728
材料费	4 090 720	4 127 536
机械使用费	363 480	360 217
其他直接费	252 190	252 394
间接费用	482 480	472 782
总计	5 945 030	5 934 657

　　（1）通过对比预算，计算该项目的超/节支额与超/节支率，完成振兴小学后勤楼工程竣工成本节超分析表的填写（见表 4-4）。

表 4-4　振兴小学后勤楼工程竣工成本节超分析表

工程名称	振兴小学后勤楼			
建筑面积	2 780 平方米			
成本项目	预算成本/元	实际成本/元	节支（＋）或超支（－）/元	节支率（＋）或超支率（－）
人工费	756 160	721 728		
材料费	4 090 720	4 127 536		
机械使用费	363 480	360 217		
其他直接费	252 190	252 394		
间接费用	482 480	472 782		
总计	5 945 030	5 934 657		

　　（2）假设该项目成本共由人工费、材料费、机械使用费、其他直接费和间接费用 5 项构成，计算各成本项目占总成本的比例，完成振兴小学后勤楼工程单项竣工成本分析表的

填写(见表 4-5),并与同期同类项目平均占比进行比较,找出差异较大的成本项目。

表 4-5 振兴小学后勤楼工程单项竣工成本分析表

工程名称	振兴小学后勤楼			
建筑面积	2 780 平方米			
成本项目	实际成本/元	占成本比重	同期同类项目占比	与同期同类差值
人工费	721 728		12.20%	
材料费	4 127 536		68.10%	
机械使用费	360 217		6.10%	
其他直接费	252 394		4.30%	
间接费用	472 782		9.30%	
总计	5 934 657			

(3)通过对比分析法与构成比率分析法的综合计算:

_____是节支的,_____是超支的,其中_____超预算金额最多,_____超预算比例最大。

与同期同类项目相比,_____差异较大,其他差异不大。

若结算价正好与中标价相等,则该项目成本利润率为_____。

(4)根据该项目某类工种计划与实际人工用量、单价(见表 4-6),使用因素分析法对该工种的成本因素进行深入分析,找出主要影响因素。

表 4-6 某类工种计划与实际人工用量、单价

项　目	单　位	计　划	实　际
人工用量	工日	11 120	11 456
人工单价	元/工日	68	63

【任务评价】

模块四 任务完成考核评价

项目名称	项目一 工程成本的分析	任务名称	任务二 认识工程成本分析的技术方法	
班级		学生姓名		
评价方式	评价内容	分值	成绩	
自我评价	【任务实施】完成情况			
	合计			
小组评价	本小组本次任务完成质量			
	个人本次任务完成质量			
	个人参与小组活动的态度			

评价方式	评价内容	分值	成绩
小组评价	个人的合作精神与沟通能力		
	合计		
教师评价	个人所在小组的任务完成质量		
	个人本次任务完成质量		
	个人对所在小组的参与度		
	个人对本次任务的贡献度		
	合计		

总评＝自我评价×（　）％＋小组评价×（　）％＋教师评价×（　）％＝

项目二　项目综合实训

任务一　某学校 X 标段成本分析

【案例背景】

某学校建设项目分为两个标段，其中 X 标段由 3 栋 5 层高框架结构教学楼组成，3 栋教学楼的结构类型、建筑面积等均无太大差异，建筑面积 14 638.56 平方米，建设内容为新建土建、装饰装修及安装工程。公司经过慎重决策后，以 3 214.1 万元的投标报价竞得该项目，合同工期 365 日历天，质量标准为合格。合同采用可调单价合同，要求：工程进度款根据发包人与承包人核对后确定的工程计量结果为基础，发包人按照每月验收的计价金额的 80% 支付工程进度款，当工程款支付达到合同金额的 85% 时，停止支付，待工程全部竣工验收合格，且工程结算完成后，付工程结算额的 97%，扣留 3% 作为质量保证金，待24 个月的缺陷责任期结束后结清。

由于该类项目市场成熟且竞争激烈，公司在区域中的信誉口碑一般，该项目施工图纸完备，因此公司的投标报价保持了较低的管理费和利润率。施工前，该公司组织工程技术部门与项目经理对施工组织设计进行了详细汇编，项目采用流水施工，确保工期符合要求、人员需求相对稳定。在施工组织设计的基础上，该公司财务对项目的成本管控体系进行了详细的规划，编制了详细的施工预算，对项目的成本分析体系主要遵从以下框架。

（1）定期成本分析：项目规模一般，难度较低，工期要求不紧张，定期分析按月开展，项目按工期要求进展至一半时进行一次中期分析，主要分析方法为对比分析法。采用清单的方式对比预算，分析各分项工程单位成本偏差，结合施工进度对数量进行对比，同时对主要材料与工种进行定期价差分析；对于分析中发现的偏差较大的部分，对人工、材料、机械的使用数量与单价进行因素分析；计算产值成本率等指标。

（2）单项/单位工程竣工分析：各单位工程在封顶、验收后，对该单位工程进行分析。采用对比分析法对单位工程预算成本与实际成本进行对比，并使用构成比率分析法计算各成本项目与总成本比值，用于对比同期同类项目，其中流水施工的后两栋教学楼均与完成施工的教学楼进行对比分析。在项目整体完成竣工验收后对项目进行整体分析复盘。

1. 完成月度综合分析

项目完成首月施工后，对已完成部分项目进行了核算，项目的预算与实际用量、单价如表 4-7 所示。请使用合适的方法进行成本分析。

表 4-7　项目的预算与实际用量、单价

项目名称	单位	预算单价/元				预算数量	实际数量	实际单价/元			
		人	材	机	综合			人	材	机	综合
平整场地	1 米²	0.32		0.46	0.1	4 802.1	4 606.6	0.31		0.48	0.1
挖基础土方、基坑(深度2 米以内)	1 米³	11.93			1.19	2 213.4	2 301.4	11.86			1.19
机械运土(石)方,运距 1000 米以内	1 米³	0.83		1.46	0.26	2 036.3	2 162.3	0.81		1.43	0.26

2. 完成月度单项成本分析

对于人工费部分,某类技术工种的普工用工情况如表 4-8 所示。结合因素分析法的结果,公司研究该类工人工价下降的主要原因为经济低迷、在建工程数量减少、劳动力供过于求;该类工人在项目上用工量增加的原因为工价的降低导致部分工人有厌工心态,工作效率降低。请分析这两个原因是内部因素还是外部因素,并给出合理的解决措施。

表 4-8　某类技术工种的普工用工情况

项　　目	单　　位	计　　划	实　　际
人工用量	工日	11 120	11 456
人工单价	元/工日	68	63

3. 完成单项工程成本构成分析

某栋教学楼封顶后,财务部门对该教学楼建筑工程部分进行了成本核算,请根据某教学楼建筑工程实际与预算数量、单价(见表 4-9),选用合适的方法对该单项工程成本构成进行分析。

表 4-9　某教学楼建筑工程实际与预算数量、单价表

项目名称	单位	预算数量	预算金额/元		实际数量	实际金额/元	
			综合单价	合价		综合单价	合价
挖基础土方	1 米³	2 213.4	13.12	29 039.81	2 301.4	13.05	30 033.27
土(石)方回填	1 米³	1 387.2	9.94	13 788.77	1 386.5	9.64	13 365.86
独立基础施工	1 米³	659.6	74.73	49 291.91	661.1	73.13	48 346.24
矩形柱 C25 施工	1 米³	820.1	509.92	418 185.39	822.2	508.70	418 253.14
矩形梁施工	1 米³	1 002.9	1 012.40	1 015 366.33	1 003.4	1 000.42	1 003 821.43

项目名称	单位	预算数量	预算金额/元		实际数量	实际金额/元	
			综合单价	合价		综合单价	合价
屋面、地面卷材防水	1米²	7 641.8	51.58	394 166.11	7 523.7	50.68	381 301.12
……							

任务二　信达建筑有限公司工程成本分析案例

【案例背景】

假设你是信达建筑有限公司的成本会计,负责公司新承接的××工程项目(包括建造商场工程与建造住宅工程),请根据前期成果,完成公司4月份工程成本分析任务。

1. 总成本分析

要求:以5个月合计数来进行分析。

(1) 对比分析法(预期数与实际数)。

数据:见表3-11至表3-15。

结论:

(2) 相关指标比率分析法(成本合同收入比率)。

计算:

结论:

(3) 构成比率分析法(材料费成本比率、人工费成本比率、机械使用费成本比率、其他直接费成本比率、间接费用成本比率)。

计算:

结论:

2. 单位成本分析

完成表 4-10 和表 4-11 的填写。要求:计算节/超支额和节/超支率,并根据结果撰写结论。

表 4-10　道路工程人工、材料、机械用量分析

项　目		计量单位	预算用量	实际用量	节支(＋)或超支(－)	节支率或超支率/(％)	结　论
人工		工日	4 200	4 250			
材料	1.钢材	吨	80	72			
	2.水泥	吨	500	450			
	3.木材	立方米	300	280			
	4.标砖	千块	500	450			
	5.混凝土	立方米	180	184			
	6.砂石	立方米	100	97			
	7.砂浆	吨	68	72			
机械	1.大型	台班	150	136			
	2.中、小型	台班	200	196			

表 4-11　码头工程人工、材料、机械用量分析

项　目		计量单位	预算用量	实际用量	节支(＋)或超支(－)	节支率或超支率/(％)	结　论
人工		工日	5 000	5 040			
材料	1.钢材	吨	90	81			
	2.水泥	吨	620	600			
	3.木材	立方米	400	380			
	4.标砖	千块	550	540			
	5.混凝土	立方米	220	218			
	6.砂石	立方米	150	165			
	7.砂浆	吨	94	100			
机械	1.大型	台班	200	180			
	2.中、小型	台班	240	235			

模 块 小 结

本模块思维导图如图 4-3 所示。

图 4-3　模块四深析工程成本思维导图

工程成本分析是通过对经核算的项目成本数据使用一定的技术方法,将各类成本及其指标进行技术处理后,对结果进行判定从而确定成本是否正常,并探明异常成因的一项工作。

  工程成本分析通常可以按时间或进度进行分析,也可以针对某类特定的成本项目进行专门的分析,或者针对特定的问题进行专项分析。

  工程成本分析的技术方法通常包括对比分析法、构成比率分析法、因素分析法、趋势分析法和相关指标分析法。不同的方法适用场景不同,分析结论的适用范围也不同,需要结合方法本身的特点和成本分析的目的选取合适的工程成本分析方法。

  进行工程成本分析时需要注意以下三个关键点。

  (1)工程成本分析的结构通常采用总分结构,即先对总成本进行分析,然后再对各成本项目展开分析,由粗至细探查成本异常原因。

  (2)在选择分析方法时需要重点关注两个问题:第一是基础数据能否适用该方法;第二是得出的结果是否可解释。

  (3)原因的探查需要从分析结果入手,确保原因的分析结果可靠。

模块五　严控工程成本

知识目标

1. 了解工程成本控制的概念。

2. 掌握工程成本控制的分类。

3. 掌握工程成本控制的方法与流程。

能力目标

能够运用成本控制的方法进行成本分析,并进行成本控制和降低成本。

素质目标

1. 培养学生勤俭节约的良好习惯,使其具备做好本职工作的职业操守。

2. 培养学生"凡事预则立,不预则废"的计划意识。

3. 培养学生成本控制、节约能源的节约意识。

项目一 工程成本的控制

任务一 理解工程成本控制的概念与分类

【任务设定】

了解并理解工程成本控制的概念,掌握工程成本控制的分类。

一、工程成本控制的概念

工程成本的
控制(一)

工程成本控制是指在施工过程中,对影响施工工程成本的各种因素加强管理,并采取各种有效措施,将施工过程中实际发生的各种损耗和支出严格控制在成本范围内的一种手段,用于严格审查各项费用是否符合标准,计算实际成本和计划成本之间的差异并进行分析,进而采取相应措施,消除施工中的损失浪费现象。

工程成本控制就是在项目实施过程中对资源的投入、施工过程及成果进行监督、检查、衡量,并采取相关措施确保项目工程成本计划(目标)的实现。

建设工程项目施工成本控制应贯穿项目的投标阶段至竣工验收阶段,它是企业全面成本管理的重要环节。在项目的施工过程中,需按动态控制原理对实际施工成本的发生过程进行有效控制。合同文件和成本计划是成本控制的目标,进度报告、工程变更与索赔资料是成本控制过程中的动态资料。

成本控制的对象是工程项目,其主体则是人的管理活动,目的是合理使用人力、物力、财力来降低成本和增加效益。项目成本控制是一个系统工程,仅靠某个人或某个部门很难做好此项工作,因此,提倡全员参与、人人有成本意识,将施工环节进行分解并落实到每一个环节。

二、工程成本控制的意义

工程成本控制不仅关乎企业的经济效益,更是企业管理水平和竞争力的重要体现。其意义主要体现在以下几个方面。

(一)提高经济效益

通过有效的工程成本控制,企业能够减少浪费,提高资源利用效率,从而降低成本,增加利润。这不仅能够提升企业的经济效益,还有助于企业在激烈的市场竞争中占据优势地位。

（二）促进企业管理水平提升

工程成本控制要求企业具备科学的管理理念和高效的管理手段。通过制定和执行成本控制计划，企业能够锻炼和提升自身的管理能力，形成更加规范、高效的管理体系。

（三）增强企业竞争力

工程成本控制是企业核心竞争力的重要组成部分。通过降低成本，企业能够提供更具竞争力的产品和服务，从而赢得更多的市场份额和客户的信任。

（四）推动行业健康发展

工程成本控制不仅关乎单个企业的利益，更关乎整个行业的健康发展。通过提升成本控制水平，企业能够推动整个行业向更加高效、环保、可持续的方向发展。

因此，工程成本控制对于企业的生存和发展具有重要意义。企业必须高度重视工程成本控制工作，采取有效措施加强成本控制管理，以提升自身的竞争力和可持续发展能力。

三、工程成本控制的分类

（一）按控制时间分类

1. 事前控制

事前控制又称计划准备控制，是指在现场施工前对影响成本支出的有关因素进行详细分析和计划，建立组织、技术和经济上的定额成本支出标准和岗位责任制，以保证施工现场成本计划的完成和目标成本的实现。其具体内容如下。

（1）对各项成本进行目标管理。根据施工劳动定额、材料定额、机械台班定额、各种费用开支限额、预定成本计划或施工图预算，来制定成本费用支出的标准，健全施工中物资使用制度，内部核算制度和原始记录、资料等，使施工中成本控制活动有标准可依据，有章程可遵循，做到规划清晰明了。

（2）落实现场成本控制责任制。现场成本控制责任制的落实是将成本项目按其作业单元的大小或工序的差异，对项目的组成指标进行分解，然后对企业目前施工管理水平进行分析，并同以往的项目施工进行比较，以规定各生产环节和职工个人单位工程量的成本支出限额和标准，将这些标准落实到施工现场的各部门和个人，建立岗位责任制，做到横向到边，纵向到底。

2. 事中控制

事中控制又称过程控制，是指在开工后对工程成本进行全过程的控制，通过对成本形成的内容和偏离成本目标的差异进行控制，以达到控制整个工程成本的目的。其具体内容如下。

（1）严格执行计划准备阶段的成本、费用的消耗定额，对所有物资的计量、收发、领退和盘点进行逐项审核，以争取节约，避免浪费；各项计划外用工费用的支出应坚决落实审批手续；审批人员要严格遵守审批制度，杜绝不合理开支，把可能引起的损失和浪费行为消灭在萌芽状态。

（2）建立施工中偏差定期分析体系。在施工过程中，定期把实际成本形成时所产生的偏差项目划分出来，并根据需要或企业施工管理的具体情况，按施工段、施工工序或作业部门进行归类汇总，使偏差项目同责任制相联系，以便成本控制的有关部门迅速给出产生偏差的原因，并制定有效的限制措施，也为下一阶段施工提供经验。

3. 事后控制

事后控制又称反馈控制。在施工现场"工完料清"之后，必须对已建工程项目的总实际成本支出及计划完成情况进行全面核算，对偏差情况进行综合分析，对完成工程的盈余情况、经验和教训加以概括和总结，才能有效地分清责任，形成成本控制档案，为后续工程服务。事后控制的具体工作包括下面两个方面。

（1）分析成本支出的实际情况。

（2）分析工程施工成本节约或超支的原因，以明确责任部门或个人，落实改进措施。

（二）按采取的措施分类

1. 采取组织措施控制

项目经理部必须建立以项目经理为中心的成本控制体系。采取组织措施控制要明确项目经理部的机构设置与人员配备，明确项目经理部、公司或施工队之间职权关系的划分。项目经理部是作业管理班子，是企业法人指定项目经理作为他的代表人来管理项目的工作班子，项目建成后即行解体，所以它不是经济实体，但是应对整体利益负责任，并协调好项目部与公司之间的责、权、利的关系。采取组织措施控制要明确项目部成本控制者及任务，从而使成本控制有人负责，避免成本大了、费用超了、项目亏了、责任却不明的问题。具体控制措施如下。

（1）加强施工的工序协调。

（2）实行任务分工。

（3）做好环境处理，协调控制。

2. 采取经济措施控制

（1）定期与计划目标值比较。

（2）制定防止偏差方案。

（3）寻找、挖掘节约资金的可能性，杜绝延期和工程事故的发生。

3. 采取技术措施控制

采取技术措施控制是在施工阶段充分发挥技术人员的主观能动性，对标书中主要技术方案进行必要的技术经济论证，以寻求较为经济可靠的方案，从而降低工程成本，包括采用新材料、新技术、新工艺节约能耗，提高机械化操作水平等。具体控制措施如下。

（1）严格把关施工工艺质量。

（2）及时解决影响施工进度的问题，按进度工作计划实施。

（3）加强施工进度方案技术经济性、可行性分析，以防止工程变更、返工的现象发生。

4. 采取法规措施控制

合同管理是施工企业法规管理的重要内容，也是降低工程成本，提高经济效益的有效途径。项目施工合同管理的时间范围应从合同谈判开始，至保修日结束。加强施工过程中的合同管理,抓好合同管理的"攻"与"守",攻意味着在合同执行期间密切注意我方履行合同的进展,以防止被对方索赔。

【任务实施】

请选择以下任一案例为对象,根据其竣工决算表及人工、材料、机械用量比较表的计算结果,简要分析影响其成本的因素,并提出控制成本的建议。

(1)模块三:项目一任务二【任务实施】的篮球馆工程竣工决算表(参见表 3-6)及篮球馆工程人工、材料、机械用量比较表(参见表 3-7)。

(2)模块三:项目三任务一的道路工程竣工成本决算表(参见表 3-27)及码头工程竣工成本决算表(参见表 3-29)。

【任务评价】

<table>
<tr><td colspan="5">模块五　任务完成考核评价</td></tr>
<tr><td>项目名称</td><td colspan="2">项目一　工程成本的控制</td><td>任务名称</td><td>任务一　理解工程成本控制的概念与分类</td></tr>
<tr><td>班级</td><td colspan="2"></td><td>学生姓名</td><td></td></tr>
<tr><td>评价方式</td><td colspan="2">评价内容</td><td>分值</td><td>成绩</td></tr>
<tr><td rowspan="2">自我评价</td><td colspan="2">【任务实施】完成情况</td><td></td><td></td></tr>
<tr><td colspan="2">合计</td><td></td><td></td></tr>
<tr><td rowspan="5">小组评价</td><td colspan="2">本小组本次任务完成质量</td><td></td><td></td></tr>
<tr><td colspan="2">个人本次任务完成质量</td><td></td><td></td></tr>
<tr><td colspan="2">个人参与小组活动的态度</td><td></td><td></td></tr>
<tr><td colspan="2">个人的合作精神与沟通能力</td><td></td><td></td></tr>
<tr><td colspan="2">合计</td><td></td><td></td></tr>
<tr><td rowspan="5">教师评价</td><td colspan="2">个人所在小组的任务完成质量</td><td></td><td></td></tr>
<tr><td colspan="2">个人本次任务完成质量</td><td></td><td></td></tr>
<tr><td colspan="2">个人对所在小组的参与度</td><td></td><td></td></tr>
<tr><td colspan="2">个人对本次任务的贡献度</td><td></td><td></td></tr>
<tr><td colspan="2">合计</td><td></td><td></td></tr>
<tr><td colspan="5">总评=自我评价×( )%+小组评价×( )%+教师评价×( )%=</td></tr>
</table>

任务二　掌握工程成本控制的方法与流程

【任务设定】

掌握工程成本控制的方法与流程,能够运用相应成本控制方法进行成本控制和降低成本。

一、工程成本控制的方法和步骤

（一）工程成本控制的方法

1. 定额成本控制法

定额成本控制法是一种通过制定和执行定额标准来控制成本的方法。定额成本控制法首先需要确定各项工程活动的定额标准，包括人工、材料、机械等各方面的消耗定额。在施工过程中，将实际消耗与定额标准进行比较，及时发现偏差并采取措施进行纠正。定额成本控制法有利于明确成本控制目标，提高施工效率，降低成本。

工程成本的
控制（二）

工程的定额成本是以现行消耗定额为依据计算出来的工程成本，是企业在现有生产成本和技术条件下所应达到的成本水平。定额成本控制首先要根据工程项目制定工程的材料消耗、工时消耗定额，并根据材料费的计划单价和各项消耗定额、计划工资率或计件工资单价，计算出该工程项目的材料费和人工费用。其次，间接费用预算是以直接费用为基础，按照工程项目的管理费和其他间接费用费率计算出来的，最后将直接成本和间接成本相加，从而得出该工程项目的定额成本。

工程项目定额成本制定以后，要按定额成本进行施工，定额成本在执行中如果发现差异就应及时地揭示差异，并追究产生差异的原因和责任，采取有效措施消除不利差异的影响。

2. 目标成本控制法

目标成本控制法是一种通过设定目标成本，并以此为目标进行成本控制的方法。目标成本控制法需要在项目开始阶段就设定明确的成本目标，并在项目执行过程中通过成本监控和成本控制来达到这一目标。目标成本控制法有利于强化成本控制意识，提高成本管理的主动性，从而实现成本的有效控制。

目标成本的设定应基于项目的实际情况，包括项目规模、技术难度、市场环境、施工项目现场施工条件、施工组织设计、材料实际价格变动等因素。在项目执行过程中，要定期对比实际成本与目标成本，分析成本差异的原因，并采取相应的措施进行调整，确保项目成本控制在目标范围内。

目标成本的制定可参考如下计算公式。

$$目标成本＝预计合同收入－预计税费－目标利润$$

目标成本控制是根据目标成本来控制实际成本的活动，企业将目标成本指标作为奋斗目标，提出降低成本的措施，寻求降低成本的方向和途径，使实际成本达到目标成本的要求，并不断降低。费用目标对业主而言是投资目标，对施工方而言是成本目标。

（二）工程成本控制的步骤

1. 比较

根据比较结果可以确定偏差。按照某种确定的方式将施工成本的计划值和实际值逐项进行比较，发现施工成本是否超支。进行比较时，应分段进行比较，即按建筑项目规模的大小，划分成比较简单、直观的、便于成本对比的段落，如单项工程、单位工程及分部分项工程,由最小的划分段进行比较,得出一个偏差值,这个偏差值称为局部偏差。

2. 分析

分析比较结果以确定偏差的严重性和原因。在比较的基础上,对结果进行分析可以确定偏差的程度及偏差产生的原因,从而采取有针对性的措施,减少或避免相同的偏差再次发生。在进行偏差原因分析时,首先应当将已经导致和可能导致偏差的原因一一列举出来,逐条加以分析。一般说来,产生费用偏差的原因主要有以下几种。

(1)物价原因。包括人工费上涨,原材料涨价,利率、汇率调整等。

(2)施工方自身原因。包括施工方案不当、施工质量不过关导致返工、延误工期、赶进度等。

(3)业主原因。包括增加工程量、改变工程性质、协调不力等。

(4)设计原因。包括设计纰漏、设计图纸提供不及时、设计标准变化等。

(5)其他不确定因素。包括法律变化、政府行为、社会原因、自然条件等。

3. 预测

预测估计完成项目所需的总费用。根据项目实施情况估算整个项目完成时的施工成本。预测的目的在于为决策提供支持。

4. 纠偏

当工程项目的实际施工成本出现了偏差,应当根据工程的具体情况、偏差分析和预测的结果,采用适当的措施,以达到使施工成本偏差尽可能小的目的。

纠偏是施工成本控制中最具实质性的一步,只有通过纠偏才能最终达到有效控制施工成本的目的。

5. 检查

检查纠偏措施的执行情况。检查是指对工程的进展进行跟踪和检查,及时了解工程进展状况以及纠偏措施的执行情况和效果,为今后的工作积累经验,对纠偏后出现的新问题及时进行解决。

纠偏措施出台之后,要把好落实关。项目部负责人要高度重视,技术、材料等管理人员要认真负责,施工的工人要将纠偏措施落实到位,树立团队的成本与效益挂钩的忧患意识。检查是一个循环进行的工作,它的结束点是竣工后的保修期期满日。

二、降低工程施工成本的措施

在施工过程中,降低工程施工成本的措施有以下几个方面。

(一)加强施工管理,提高施工组织水平

选择适当施工方案,合理布置施工现场,采用先进的施工方法和施工工艺,组织均衡施工,搞好现场调度和协调配合,注意竣工收尾,加强工程施工进度控制。要做季施工计划、月施工计划、周施工计划,并按计划工期施工。

(二)加强技术管理,提高施工质量

(1)推广采用新技术、新工艺、新材料和其他技术革新措施。

(2)制定并贯彻降低成本的技术组织措施,提高施工经济效益。

（3）加强施工过程的技术检验制度，提高施工质量。

（4）做好技术交底，杜绝因交底不善造成的返工。

（三）加强劳动工资管理，提高劳动生产率

（1）改善劳动组织，合理使用劳动力，减少窝工浪费。

（2）执行劳动定额，实行合理的工资和奖励制度。

（3）加强技术教育和培训工作，提高工人的文化技术水平和操作熟练程度。

（4）加强劳动纪律，提高工作效率。

（5）压缩非生产用工和辅助用工，严格控制非生产人员的比例。

（四）加强机械设备管理，提高机械设备使用率

（1）正确选择和合理使用机械设备，搞好机械设备的保养修理，提高机械的完好率、利用率和使用效率，从而加快施工进度，降低机械使用费。

（2）机械设备利用率要高，不积压浪费台班。

（3）施工过程中尽量与固定设施合用。

（五）加强材料管理，节约材料费

（1）改进材料的采购、运输、收发、保管等方面的工作，减少各个环节的损耗，节约采购费用。

（2）合理堆放材料，组织分批进场，避免和减少二次搬运。

（3）严格材料进场验收和限额领料制度。

（4）制定并贯彻节约材料的技术措施，合理使用材料，提倡节约代用、修旧利废和废料回收，综合利用一切资源。

（5）材料计划周到，不影响工期，又不积压，以免材料损坏。严格按定额发料，以免浪费。

（六）加强费用管理，节约施工管理费

（1）精简管理机构，减少管理层次，压缩非生产人员。

（2）实行满负荷，一专多能。

（3）实行定额管理，分项、分部门制定费用定额指标，有计划地控制各项费用开支。

【任务实施】

某建设项目建筑面积 2 780 平方米，振兴建筑有限公司以 653 万元投标报价成为中标人。项目通过竣工验收后，公司对项目进行了成本决算，形成的工程竣工成本决算表如表 5-1 所示。

表 5-1　振兴小学后勤楼工程竣工成本决算表（部分）

发包单位	××市教育局			开工日期	2022-1
工程名称	振兴小学后勤楼			竣工日期	2022-10
建筑面积	2 780 平方米			金额/元	
成本项目	预算成本	实际成本	降低额	降低率	占成本比重
人工费	756 160	721 728	34 432	4.55%	12.16%

续表

成本项目	预算成本	实际成本	降低额	降低率	占成本比重
材料费	4 090 720	4 127 536	−36 816	−0.90%	69.55%
机械使用费	363 480	360 217	3 263	0.90%	6.07%
其他直接费	252 190	252 394	−204	−0.08%	4.25%
间接费用	482 480	472 782	9 698	2.01%	7.97%
总计	5 945 030	5 934 657	10 373	0.17%	

（1）请分析表 5-1 中的人工费和材料费是节支了还是超支了，并分析原因。

（2）如何降低振兴小学后勤楼工程施工成本？

【任务评价】

模块五　任务完成考核评价				
项目名称	项目一　工程成本的控制	任务名称	任务二　掌握工程成本控制的方法与流程	
班级		学生姓名		
评价方式	评价内容	分值	成绩	
自我评价	【训练 5-3】完成情况			
	合计			
小组评价	本小组本次任务完成质量			
	个人本次任务完成质量			
	个人参与小组活动的态度			
	个人的合作精神与沟通能力			
	合计			
教师评价	个人所在小组的任务完成质量			
	个人本次任务完成质量			
	个人对所在小组的参与度			
	个人对本次任务的贡献度			
	合计			
总评＝自我评价×（　）%＋小组评价×（　）%＋教师评价×（　）%＝				

项目二　项目综合实训

任务一　信达建筑有限公司工程成本控制案例

【案例背景】

假设你是信达建筑有限公司的成本会计,负责公司新承接的××工程项目(包括建造商场工程与建造住宅工程),请根据前期成本核算与分析的成果,指出信达建筑有限公司在成本管理中存在的问题,并结合课本和网络资料等,提出有针对性的成本控制建议。

任务二　振兴建筑有限公司工程成本控制案例

【案例背景】

振兴建筑有限公司受都安县政府委托承担了某少数民族自治县道路工程(200千米,合同收入930万元)和码头工程(980.78平方米,合同收入1 100万元)的施工任务,工期5个月,2022年2月1日开始施工。请根据前期成本核算与分析结果,指出振兴建筑有限公司在成本管理中存在的问题,并结合课本和网络资料等,提出有针对性的成本控制建议。

模 块 小 结

本模块思维导图如图5-1所示。

工程成本控制就是在实施过程中对资源的投入、施工过程及成果进行监督、检查、衡量,并采取相应措施确保项目工程成本计划(目标)实现的一种手段。工程成本控制可按时间分类:事前、事中、事后控制;也可按采取的措施分类:采取组织、经济、技术、法规措施控制。

企业进行工程成本控制,必须按一定的步骤进行。工程成本控制的步骤主要包括比较、分析、预测、纠偏、检查。

图 5-1　模块五严控工程成本思维导图

　　工程成本控制根据成本控制的不同对象、不同目的和不同要求可采用不同的成本控制方法,主要有定额成本控制法、目标成本控制法。

参 考 文 献

[1] 方忠良.工程成本核算与控制[M].北京:中国电力出版社,2013.

[2] 财政部会计财务评价中心.初级会计实务[M].北京:中国财经出版传媒集团经济科学出版社,2023.

[3] 贺志东.建筑施工企业财务管理[M].广东:广东经济出版社,2010.

[4] 单旭,黄雅平.建筑施工企业会计[M].北京:机械工业出版社,2015.

[5] 赵艳.工程财务与会计[M].北京:中国建材工业出版社,2016.

[6] 高翠莲.企业财务会计[M].北京:高等教育出版社,2021.

[7] 张学英,涂申清.工程成本与控制[M].重庆:重庆大学出版社,2019.

[8] 成果.浅议建筑施工企业人力资源管理中存在的问题及对策[J].西部大开发(中旬刊),2011,(5):36-36,123.

[9] 许永智.中国建筑业劳动力市场发展趋势[J].城市建设理论研究(电子版),2012,(36).

[10] 章道云,胡秀梅.月薪制下计时工资计算方法比较与改进[J].商业会计,2011,(8):22-24.

[11] 王欣.浅谈建筑施工企业成本的计算方法[J].中国集体经济,2016,(24):129-130.

[12] 唐正文.铁路工程间接费用在责任成本管理中核算与控制研究——以宜万铁路工程项目为例[D].北京:中国人民大学,2011.

[13] 赵健.论价值链下施工企业项目成本管理办法[J].财经界,2016,(6):117.

[14] 曾真.浅析对建筑工程造价构成与造价信息管理的研究[J].房地产导刊,2016,(7):156-156.

[15] 梅曦.论建设工程施工现场成本管理[J].现代装饰(理论),2011,(12):94.